新境界｜国门生物安全科普丛书

JIE MI
YI CHONG

揭秘异宠

关妞游学记

禹海鑫 边勇 主编

U0298890

中国海关出版社有限公司
·北京·

图书在版编目（CIP）数据

揭秘异宠：关妞游学记 / 禹海鑫，边勇主编 . -- 北京：中国海关出版社有限公司，2024.4

ISBN 978-7-5175-0767-4

Ⅰ.①揭… Ⅱ.①禹… ②边… Ⅲ.①外来入侵动物—防治—少儿读物 ②外来入侵植物—防治—少儿读物 Ⅳ.① S44–49 ② S45–49

中国国家版本馆 CIP 数据核字（2024）第 059079 号

揭秘异宠：关妞游学记
JIEMI YICHONG：GUANNIU YOUXUEJI

主　　编：禹海鑫　边　勇
责任编辑：周　爽
责任印制：孙　倩
出版发行：中国海关出版社有限公司
社　　址：北京市朝阳区东四环南路甲 1 号　　　　邮政编码：100023
编 辑 部：01065194242-7537（电话）
发 行 部：01065194221/4238/4246/5127（电话）
社办书店：01065195616（电话）
　　　　　https://weidian.com/? userid=319526934（网址）
印　　刷：北京利丰雅高长城印刷有限公司　　　　经　　销：新华书店
开　　本：889mm×1194mm　1/16
印　　张：11.75　　　　　　　　　　　　　　　字　　数：336 千字
版　　次：2024 年 4 月第 1 版
印　　次：2024 年 4 月第 1 次印刷
书　　号：ISBN 978-7-5175-0767-4
定　　价：118.00 元

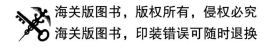

写给小读者们的一封信

　　亲爱的小读者们，我是一名从事植物检疫工作近50年的"老兵"。今天我给大家带来一本与植物检疫有关的科普读物——《揭秘异宠：关妞游学记》，这本书的作者们也和我一样，都是在植物检疫领域工作。

　　我和这本书的作者们有着同一个愿望，那就是各位亲爱的小读者能够通过阅读本书，理解我们的工作，并且帮助我们，让更多的人了解我们的工作。更荣幸一点儿的话，我们也希望大家能和我们一道努力，共同来保护我们美丽的生态家园！

　　植物检疫工作，就是根据《中华人民共和国进出境动植物检疫法》的规定，运用仪器设备，依照科学技术和方法，对不同国家和地区之间流通的植物或植物产品（如我们吃的粮食、水果、蔬菜都是植物产品）进行检查和管理，防止有风险的"害虫""病菌""外来物种"等藏匿于这些植物或植物产品中，"偷偷"潜入我们的家园，进而危害我们国家的农林业生产或者破坏我们的生态环境。我很开心从事这份工作，因为它能让我们的家园更加美丽、更加安全。

　　可是，最近我和我的同事们开心不起来了，因为一些"外来物种"悄悄地从境外进入了我们国家。我们很担心它们中的一些物种会破坏我们的家园。更让我们不开心的是，一些不法分子为了利益，故意将这些"外来物种"携带或邮寄到国内进行售卖，还专门给它们起了一个好听的名字——异宠，这种行为不仅触犯了法律，更会让我们的家园变得不安全。

　　我们希望大家能够帮助我们，共同抵制这种不法行为，从我做起，主动拒绝购买、饲养那些通过邮寄、携带等非法途径由境外进入我国的异宠，相信小读者们一定愿意！

为了大家能更好地帮助我们，本书的作者们决定对异宠进行大揭秘：什么是异宠？异宠有哪些种类？异宠有哪些潜在的危害？引入、购买、放生异宠会触犯法律吗？海关在防范异宠等外来生物入侵方面有哪些职能和作用？《揭秘异宠：关妞游学记》这本书的小主人公关妞在游学中了解到了这些知识，而且在爸爸关博和妈妈海美丽的帮助下，成为一名积极宣传国门生物安全知识的"科普之星"！

亲爱的小读者们，希望你们通过阅读本书，也能和关妞一样掌握这些知识，并且告诉亲朋好友，让大家一起来保护我们的美丽家园，好吗？

梁忆冰

2024 年 3 月

前言

　　20 世纪以来，随着经济全球化趋势不断发展，进出口贸易和国际交往不断扩大，全球范围内多次暴发外来生物入侵、农作物病虫害等生物安全问题，对经济社会造成了严重危害，外来有害生物入侵风险不容小觑。向公众，特别是少年儿童普及国门生物安全知识，特别是异宠入侵相关知识，对于避免和减少外来有害生物入侵对我国的生态系统、生物多样性，以及人们的生命健康安全造成的危害，具有十分重要的意义。

　　早在 20 世纪 70 年代初，欧美就开始饲养异宠，日韩和我国港澳台地区紧随其后，随着时间的推移，全球异宠贸易日益繁荣。近年来，异宠逐步进入中国市场并增长迅速，很多异宠已经成为年轻人喜好的新宠。《2021 年中国宠物行业白皮书》显示，每十个养宠物的人士中就有一个在饲养异宠。然而异宠多为野生生物，甚至是濒危物种，它们相当一部分是通过寄递、人员携带、口岸走私等非法途径由境外进入我国，然后再通过网络平台私下非法销售，由此带来的人身伤害、经济损失、生态危害等难以估量。更为重要的是，异宠引入、饲养和扩散是造成外来有害生物入侵的重要方面，不少异宠种类，比如鳄雀鳝、巴西龟、非洲大蜗牛等都是近些年来频繁出现的"网红"外来入侵有害生物。它们已经对我国的经济社会发展及生态环境造成了严重的损害。

　　为深入学习贯彻习近平新时代中国特色社会主义思想，全面学习、把握、落实党的二十大精神，学习领会习近平总书记在全国生态环境保护大会上的重要讲话精神，响应习近平总书记"要激发起全社会共同呵护生态环境的内生动力"的指示精神，落实海关总署党委"国门生物安全关口海关必把牢"重点任务，特组织海关系统内专家编写本书。本书通过生动活泼的人物和精彩有趣的故事，用六个章节的篇幅介绍了什么是异宠，异宠的种类，异宠可能带来的入侵风险，非法引入异宠可能触犯的法律法规，海关在防范异宠等外来生物入侵方面发挥的作用等，让读者，特别是年轻的读者群体了解海关在守卫国门生物安全方面职能的同时增强生态环境保护意识。

在此向所有对本书的取材、编写和审定工作提出建设性意见和建议的专家表示由衷的感谢。在本书的编写过程中，我们深切认识到异宠相关知识繁多，本书难免挂一漏万，对存在的遗漏、不妥和错误之处，恳请同行专家和读者见谅并不吝指正，在此我们表示真挚的感谢。

编　者

2024 年 3 月

本书阅读方法提示

　　本书共六大章节，以关博一家普吉岛之旅为故事主线，图文并茂地讲述了关博一家在旅行途中与异宠们发生的奇妙故事。故事中穿插了知识拓展内容——"金钥匙"，此外，每章后还附有延伸思考问题——"金问号"，实物图与插画师手绘线条画，赋予了本书场景化的阅读体验。

故事内容

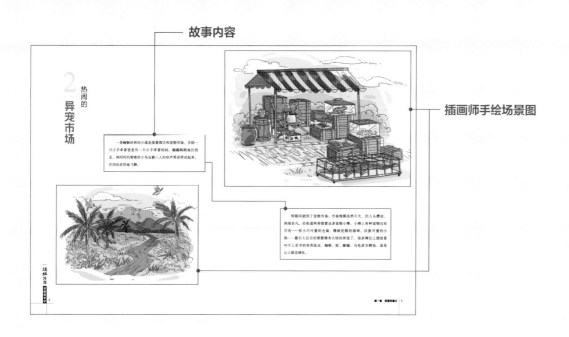

插画师手绘场景图

知识拓展"金钥匙"标引，正文中相应词语突出显示

异宠实物图

知识拓展"金钥匙"具体内容

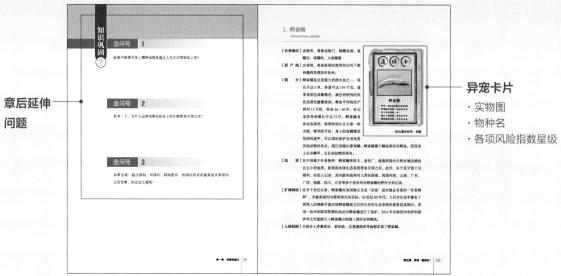

章后延伸问题

异宠卡片
· 实物图
· 物种名
· 各项风险指数星级

本书登场人物

关博　　海美丽　　关妞　　小明　　小美阿姨

《揭秘异宠：关妞游学记》

策划顾问组

（排名不分先后）

主　任

宋悦谦

副主任

肖利力

委　员

韩　深　田　洁　杨　宇　张晓龙

《揭秘异宠：关妞游学记》
编辑部成员

（排名不分先后）

主　编

禹海鑫　边　勇

副主编

钟　勇　闫正跃　黄　芳　林　伟　陈曌坤

参与编写人员

李　萍　陈展册　张卫东　闫邦奇　陶中云

周俊静　左然玲　虞　赟　黄素萍

审稿专家

黄　静　段维军　韩　深

手绘图插画师

陈文婷

目录

第一章
异国奇遇记

1

迈考海滩的
黎明

北纬 7°53′，泰国普吉岛迈考海滩的黎明，清风习习，树影婆娑。远处，东方一轮红日正从海平面缓缓升起，光束仿佛利刃一般划破了夜的黑暗，给海浪披上了金色的霞光。在朝霞的映衬下，海岸线显得格外富有神韵、迷人。近处，松软、细腻的白沙滩在海浪轻轻地拍打下发出有节奏的声响，仿佛怕惊醒沉睡中的人们。今天是关博一家从中国 S 市来到迈考海滩度假的第二天，清晨的阳光透过酒店房间的玻璃窗投射在熟睡中的关妞那红扑扑的小脸儿上。

　　"咚咚咚……"清脆的敲门声打碎了关妞甜美的梦。"是谁呀？这么早敲门。"海美丽不满地嘟囔着。"是我，关博……刚才去酒店周围散步，忘记带房卡啦。快点起来吧，我发现了一个可好玩儿的地方。"关博话里透着一股兴奋劲儿。海美丽打开了门，回到床边温柔地对关妞说："关妞起床了！""不嘛不嘛，我还没睡醒呢……"关妞闭着眼睛撒娇。关博走到床前，按捺不住激动的心情，兴奋地说："关妞，你不是很喜欢小动物吗？我刚在附近发现了一个宠物市场，快点儿起床，我们一起去逛逛吧！""是吗？宠物市场！我要去……"话还没说完，关妞就一个鲤鱼打挺从床上下来。

2 热闹的
异宠市场

一条蜿蜒的林间小道连接着酒店和宠物市场，关妞一只小手牵着爸爸另一只小手牵着妈妈，蹦蹦跳跳地往前走，林间叽叽喳喳的小鸟也被三人的欢声笑语带动起来，在四处欢快地飞舞。

　　转眼间就到了宠物市场。市场规模虽然不大，但人头攒动、热闹非凡。沿街道两旁摆着众多宠物小摊，小摊上各种宠物应有尽有——有小巧可爱的仓鼠、精致优雅的猫咪，活泼可爱的小狗……最引人注目的要数稀奇古怪的异宠了，很多摊位上摆放着叫不上名字的各类昆虫、蜘蛛、蛇、蜥蜴、乌龟甚至鳄鱼，真是让人眼花缭乱。

3

好勇斗狠的

南洋大兜虫

［金钥匙 1］

"哇——这是什么虫子呀？"关妞好奇地指着一只乌黑发亮的甲壳虫问道。这只甲壳虫大概有 14 厘米长，放在整个昆虫界也算是大个头了，尤其是它那三个又长又锋利的尖角，一个长在头部，另外两个则长在躯干上，看起来可真是威武不凡。关博凑上去看了一下说："这是**南洋大兜虫**（如图 1-1 所示），看起来不好惹吧？它可是世界上体形最大的甲虫之一，生性勇猛、骁勇善战。雄性狭路相逢时会通过武力一较高下，从而获取雌虫的"芳心"。由于有着威武的外表，这种甲虫受到了异宠爱好者的热烈追捧。其实把它们养在笼子里还好，但若是一不小心让它们逃到野外，它们就会取食周边的树木，严重的话可能导致树木大量干枯死亡。""这样啊，原来是个坏虫子，那还是不要养的好！"关妞悻悻地说。

［金钥匙 2］

"对了，你刚才说这种甲虫受到异宠爱好者的热烈追捧，那什么是**异宠**啊？"海美丽扭过头来看着关博好奇地问。"异宠是相对于我们常见的传统宠物，比如猫、狗来说的，主要是指一些外形奇特、习性独特、易被人们当作宠物饲养或养殖的野生动物或是植物，以节肢动物、爬行动物、两栖动物和啮齿类哺乳动物为主，它们往往直接来自野外或是由野生动植物人工繁育的后代，其中还

［金钥匙 4］　［金钥匙 5］有不少是通过**人为途径**从国外传入的，对本地而言算是**外来生物**，

［金钥匙 5］　［金钥匙 6］部分种类还很可能是具有极大生物入侵风险的**外来入侵物种**，极

[金钥匙 7]

有可能对本地的农林牧渔业生产、人类健康及生态环境安全造成**灾难性的后果**。饲养异宠最早兴起于欧美、日本等发达国家，近年来我国也逐渐流行起来，甚至还被年轻人当作时尚潮流。"

• 编者注：本部分异宠概念的描述参考了《濒危物种保护方法研究进展》等文献。

▲ 图 1-1　南洋大兜虫　（南京海关禹海鑫　供图）

4 蓝宝石华丽雨林

外表炫酷内含剧毒的

[金钥匙 8]

[金钥匙 9]

[金钥匙 10]

宠物市场热闹非凡，小摊儿旁人流涌动，不时有人提着各种奇形怪状的小动物匆匆离开。"爸爸快看，那是什么呀？真好看！"关妞指着面前的一只蜘蛛兴奋地问。这只蜘蛛全身蓝白相间，仿佛湛蓝的天空上飘浮着朵朵白云，4 对长足毛茸茸的，足关节上面还镶有金戒指般的环斑。"我也不确定，问问老板吧。"关博看了看这只蜘蛛，便和老板攀谈起来。"关妞，老板告诉我，它是**蓝宝石华丽雨林**（如图 1-2 所示），是他托朋友从斯里兰卡偷运来的。"关博脸色变得严肃起来了，"我查了下，这种蜘蛛属于**世界自然保护联盟**列明的极度**濒危物种**，算是比较热门的异宠物种，野生成年蜘蛛据说能卖到 1000 美元以上。它的绒毛很特殊，会随着光线照射的角度不同呈现出繁复多变的花纹与色彩。这种蜘蛛样貌虽好看，但含有剧毒，还有攻击性，一旦受到惊吓便可能会咬人。人一旦被咬后，不仅伤口处会火辣辣地疼，并且全身肌肉也会疼，还会出现胸闷、剧烈抽搐，甚至晕厥的症状。"

▲ 图 1-2　蓝宝石华丽雨林 （南京海关禹海鑫　供图）

　　"啊？这么吓人的蜘蛛，谁敢养？而且还是极度濒危物种。"
海美丽愤愤不平地说。"妈妈，什么是濒危物种？"关妞好奇地问。
"濒危物种是指那些在自然界中数量很少，快要灭绝，需要我们好
好保护起来的生物。"海美丽回答道。关妞紧接着说："我们家超级
可爱的小花猫——咪咪一定是濒危物种啦，因为我们家里只有一
只，走丢了就再也没有啦。""关妞，咪咪可不是濒危物种哦！"海
美丽答道。"妈妈说得对，濒危物种是指由于物种自身原因或受到
人类及其他外界生物活动或自然灾害的影响而有种群灭绝危险的物
种。举个最典型的例子，就是我们国家的国宝——大熊猫，它们在
自然界中数量极少，需要我们精心保护才能生存下去，不然极有
可能灭绝了。"关博一边认真地观察着这只色彩炫酷的蜘蛛一边补
充道。

5 关妞漫游奇遇记

关妞漫游

晚饭后天色尚早，天气却闷热难当，海美丽便躲回房间休息了，关博带着关妞出门散步。不知不觉他们走进了一家小型动物园，动物园深处笼子里一只像猫一样的动物（此处所说的动物是指图1-3所示的动物）吸引了关妞的注意力。"爸爸快看那只猫，身上好多斑点儿像个小豹子，耳朵尖儿还长着长长的黑毛呢，就像古代将军头盔上的翎子。尾巴好短呀，尾巴尖儿还黑黑的，真好玩儿，我们快去看看吧！"关妞兴奋地比划着说道，迫不及待地跑去观看。正在这时，关博的电话铃响了，在他接听电话的工夫，关妞就跑远了，她一边跑一边自言自语道："这个小家伙好可爱啊，看它懒洋洋的样子，跟我们家咪咪一模一样呢！"

关妞来到笼子边，情不自禁地伸手逗它，小动物受到惊吓竟从笼子里逃了出去。在好奇心的驱使下，关妞追着它一路小跑，来到了一片茂密的树林。这时关妞忽然觉得周围的树木越来越高大，自己变得越来越小，像是来到了童话世界一般。

▲ 图1-3 猞猁 （南京海关禹海鑫 供图）

"喂，小猫，别跑了，快停下来吧！"关妞跑得气喘吁吁，实在跑不动了。前面的"小猫"忽然停下，竟然说起话来："小姑娘，我可不是小猫，我是猞猁。我的家本来不在这里，我是被人类捕捉后卖到这里的。"关妞很同情地问道："真可怜，你的家在哪儿？想家吗？"猞猁说："我的家乡在中国东北，那里很凉爽，有一望无际的森林，我经常和小伙伴们跑到林子里玩耍，开心极了。被人类带到这里快一年了，我整天被关在笼子里，虽然没有饿肚子，但失去了自由，真的好怀念远方的家乡和小伙伴……"关妞很同情猞猁的遭遇，急忙说道："我就是从中国来的，能帮你做点什么吗？"小猞猁答道："谢谢你！希望你回国后如果见到了我的家人，帮忙转告它们我一切平安。另外，希望你能帮我实现愿望，要告诉更多的人不要再随意捕捉我们了，我们也是自然生态系统的一部分，大自然的食物链如果少了我们，环境可能会遭到破坏，进而也会影响到你们人类的生存，所以我们和人类是平等、相互依存的。人类和我们应该成为朋友，共同维护美丽的地球家园！"关妞赞同地频频点头，说："小猞猁，你说得太好了！我回去一定会把你的愿望告诉更多的人。现在你要去哪儿？""小姑娘谢谢你！对我而言，在笼子里可能比在外面更安全些！"猞猁一脸苦笑，无奈地说，"我们快回去吧！你爸爸找不到你该着急了！快上来，我带你回去。"关妞麻利地跳到了猞猁身上，猞猁朝着动物园的方向飞奔而去。伴随着耳畔呼呼的风声，关妞惊奇地发现周围的树木逐渐恢复了原来的样子。很快到了动物园门口，关妞依依不舍地和猞猁挥手告别，只见猞猁嗖地一下消失在了动物园深处……

　　这时，满头大汗的关博找了过来，焦急地问："关妞，你去哪里了？可把爸爸急死了，下次可不许乱跑了！""爸爸，对不起。我刚才遇到了小猞猁，还跟它聊天了呢，等回去再跟您细说吧！"关妞调皮地眨眨眼睛。回到酒店后，关妞绘声绘色地讲述了和小猞猁的奇遇，关博和海美丽听完了并不觉得是小孩子异想天开的梦，竟也被深深地吸引，唏嘘不已。海美丽叹息道："真可怜，每个小动物都有幸福生活的权利，我们应该好好保护它们，不要伤害它们。"关妞听后，不知默默地想着什么，眼圈变红了。

6

斯蒂芬岛的

神奇故事

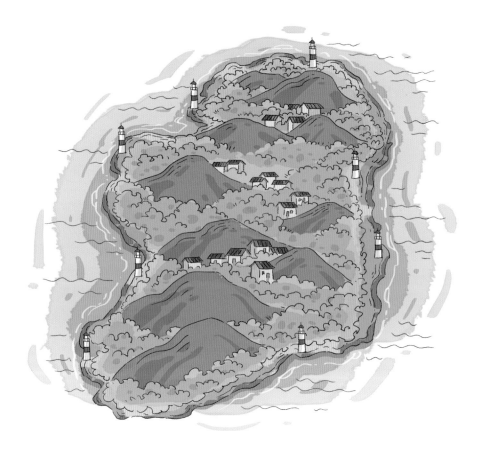

[金钥匙 14]

第三天早上，迈考海滩公园闷热依旧。早饭后关博父女正在悠闲散步，忽然乌云密布，大雨倾盆，关妞和爸爸躲进了一家咖啡馆，边喝饮料边欣赏着窗外的雨景。"关妞，每个动物都有自己适宜生存的地方，都有自己独特的价值，不能随便捉来当宠物养，更不能把不喜欢了的宠物随便丢到野外去，不然可能会影响到当地的生态平衡。爸爸给你讲个神奇的故事吧。"关博手捧着咖啡，娓娓道来，"在新西兰，有一座美丽的小岛，叫斯蒂芬岛，在人类没有踏入这座岛屿之前，这里是动物的天堂，有很多人类未知的新物种。1894 年，新西兰政府为了改善附近海域通航情况，决定在斯蒂芬岛上建一座灯塔，于是便派了一个名叫大卫·莱尔的人当灯塔看守员。这个年轻人兴冲冲地搬到了那里，然而这座荒无人烟的小岛令他觉得很是无聊，于是就接来自己的宠物——一只怀孕的母猫共同生活，然后悲剧就这样揭幕了……"

▲ 图1-4　斯蒂芬岛异鹩（南京海关禹海鑫　供图）

关博望着窗外绵绵不绝的雨，舒了一口气继续说：

"岛上原来有一种叫做斯蒂芬岛异鹩（如图1-4所示）的独特鸟类，它们长着橄榄色的羽毛，眼睛上方有一条黄色的花纹，非常漂亮。每天就在灌木丛中跑来跑去找虫子吃，在过去漫长的岁月里，它们从来没有遇到过能够掠食它们的动物，于是翅膀也退化了，丧失了飞行能力，只能像小鸡一样在地面上跑来跑去，被趣称为'走地鸟'。"

"岛上突然出现的猫为斯蒂芬岛异鹩敲响了丧钟。由于这种'走地鸟'飞行能力退化，导致猫不费吹灰之力就能抓到它们。

"大卫·莱尔惊奇地发现，猫每天都能带回很多长相奇特的小鸟来讨好自己，细心的他将这些鸟儿全部做成标本，送到了一位名叫沃尔特·布勒的鸟类专家手中。专家惊喜地发现这种鸟竟然是一种没有被记载过的新物种，这下引起了全球鸟类爱好者的热切关注，很快斯蒂芬岛异鹩标本（如图1-5所示）的价格便水涨船高起来。

金钥匙15

"为了获得更多的财富，大卫·莱尔纵容他的猫疯狂繁殖，于是越来越多的猫参与到了岛上鸟类和其他动物大屠杀的行列，岛上**生物多样性**短时间内遭到了极大破坏。直到1898年，斯蒂芬斯岛终于迎来了新的灯塔看守人，他立即要求政府提供足够的猎枪和弹药，以便清除岛上过多的猫，9个月后，他自豪地宣称已经射杀了100多只猫。据说直到1925年，这座小岛才最终摆脱了猫的梦魇，然而，斯蒂芬岛上却早已不见斯蒂芬异鹩的身影，该物种被宣告彻底灭绝。当初谁也没想到，被带上岛的宠物猫，凭它一己之力就使整个斯蒂芬岛异鹩种群彻底灭绝了，我们现在只能在博物馆中一睹它们的样貌了。

▲ 图 1-5　斯蒂芬岛异鹩标本 （南京海关禹海鑫　供图）

[金钥匙 16]

[金钥匙 17]

　　"其实，一个物种的入侵导致其他物种灭绝的例子还有很多，所以我们尽量不要随意买卖和饲养异宠，尤其是可能为濒危野生动植物的异宠，因为这样做不仅可能导致生物入侵，而且还是违法的。"

　　关妞点点头说："嗯，爸爸，我知道了，我不会养异宠的，我也要告诉小伙伴们不要养异宠。等回家我还要把咪咪看好，不让它出去乱抓鸟！"窗外的雨慢慢停了，空气中弥漫着花草的芳香，天边出现了一道彩虹，仿佛一座绚丽的仙桥，向世人展示着自然之美。

7

夜晚

归国前的

　　欢乐的时光总是那么短暂，转眼间，愉快的旅行就要结束了。归国前夕，关博一家特地来到超市给亲戚朋友挑选当地特产和纪念品。关妞跟在妈妈身后，看到超市里琳琅满目的水果和各种各样的海鲜，忍不住往购物车里塞了又塞，不一会儿，购物车里的东西就堆得像小山一样了。海美丽看到购物车里满满的水果和海鲜，无奈地摇了摇头："关妞，明天就要回家了，买这么多的水果和海鲜临走的时候可来不及吃完呀，记得爸爸说过这些东西是不可以带回国的，咱们可千万不要花冤枉钱了哟！""哦，对啊，差点忘了，"关妞拍了拍脑门，略显尴尬，"那就只买一点点水果，去机场的路上吃吧。"排队结账的时候，海美丽拿出刚在纪念品专柜挑选的一盒蝴蝶标本，准备带回家送给好朋友。关博看了看说："这种蝴蝶是窄斑凤尾蛱蝶，虽然很漂亮，但属于蝴蝶标本，是禁止携带、邮寄入境的个人物品，不能携带回国。"海美丽听完，遗憾地将标本放回了货架原处。

金钥匙 18

知识归纳

金钥匙　1

南洋大兜虫档案

【中 文 名】南洋大兜虫（如图 1-6 所示）

【学　　名】*Chalcosoma atlas keyboh*

【分类地位】动物界，节肢动物门，昆虫纲，鞘翅目，金龟科，南洋大兜属

【分　　布】主要分布于马来西亚、印度尼西亚、菲律宾等东南亚热带雨林中。

【形态特征】雄虫体长 60～120 毫米，雌虫体长 50～65 毫米。雄虫头角呈三角形突起，胸角大而弯曲，体色呈带有闪亮光泽的金属绿色，前足胫节突起（雌虫也是如此），六足相对较细，但跗节较粗壮，鞘翅刚毛稍软且面积较小。此外，雌虫腹部刻点较多。

【生物习性】幼虫期 10～13 个月，成虫期 3～10 个月。属于夜行性甲虫，昼伏夜出，具有很强的趋光性，繁殖方式为卵生。

【危　　害】幼虫以腐殖土、枯树干为主食。成虫主要以树液、水果汁液，以及花蜜为食。

【截获记录】2019 年 5 月，成都海关在进境邮件中截获；2022 年 4 月，拱北海关在进境邮件中截获。

【扩展阅读】南洋大兜虫也称为阿特拉斯大兜虫，以希腊神话中的擎天巨神阿特拉斯命名，是大型甲虫之一。雄性成虫生性勇猛好斗，常通过武力方式获取与雌性成虫的交配机会。

◀ 图 1-6　南洋大兜虫　（拱北海关林伟　供图）

什么是异宠?

异宠[1-2]，也被称作另类宠物，兴起于欧美、日本等国家，后来在我国逐渐流行，是被人们当作宠物饲养和观赏的野生动植物，主要包括节肢动物、爬行动物、两栖动物和啮齿类哺乳动物，以及部分植物等，它们可能来自野外或是由野生种源人工繁育的后代，且往往来自其他国家和地区，相对本地而言多数算是外来物种，具有生物入侵的风险。

什么是外来生物?

外来生物[3-4]是相对于本地生物而言的。在自然界中，由于受地理、气候等因素的影响，每一种生物都被限制在一定的区域内生存发展，这些生物即为本地生物。外来生物则是对于一个特定的生态系统与栖息环境来说的，指出现在其自然分布范围（过去或现在）以外的任何物种、亚种或低级分类群，包括这些物种能生存和繁殖的任何部分、配子或繁殖体等。本地生物和外来生物是相对而言的，且均具时间属性。中华文明源远流长，历史上曾引入过多种外来生物，这些生物经过几百、几千年的繁衍生息，就不再是外来生物。比如现在我们餐桌上常见的胡椒、胡萝卜、胡桃（核桃）、番茄、番石榴、番薯（甘薯）、洋葱、洋芋（马铃薯）、洋白菜（圆白菜）、西瓜、玉米、黄瓜等。

外来生物入侵的途径有哪些?

外来生物入侵通常是通过以下三种途径[3-4]：

（1）自然入侵：通过自身扩散能力或者借助于风力、水流等自然力量传入，引起的外来生物的入侵。例如，草地贪夜蛾具有极强的迁飞性，自身扩散能力极强。2019年，大量草地贪夜蛾从缅甸入侵我国云南、贵州、广西等18个省份，对我国的粮食安全造成了严重威胁。

（2）人为无意传入：某些物种以人类或人类交通运输系统为媒介，扩散到其自然分布范围以外的地方，从而形成的非有意的引入。例如，装满澳大利亚薰衣草种子的小熊玩偶作为旅游纪念品被旅客携带入境；原产于黑海地区的斑马贻贝通过航行船舶入侵西欧和北美洲，因其繁殖速度快，可以影响整个水域生态平衡，从而给入侵的地区带来严重的经济损失。

（3）人为有意引入：人类有意实行的引种或携带，即将某些物种有目的地转移到其原自然分布范围及扩散潜力以外的地方。这些入侵物种由于物种的生存环境和食物链发生改变，在缺乏天敌制约的情况下容易泛滥成灾。例如凤眼莲（别名水葫芦、水浮莲等），原产于南美洲，1901年作为观赏植物引入中国，其后作为猪饲料推广后大量逸生，由于其繁殖能力极强，且缺乏天敌控制，很快肆意生长，开始堵塞河道，影响航运、排灌和水产品养殖。它们会吸附重金属、有毒物质等，死后沉入水底，构成对水质的二次污染，同时威胁本地生物多样性，严重破坏当地水生生态系统。

金钥匙 5

什么是生物入侵？

英国动物生态学家埃尔顿（Charles Sutherland Elton）在其所著的《动植物入侵生态学》一书中，最早提出生物入侵的概念，他把生物入侵定义为某种生物从原来的分布区域扩展到一个新的（通常也是遥远的）地区，在新的区域里，其后代可以繁殖、扩散并维持下去[5]。

李宏、许惠所著的《外来物种入侵科学导论》一书中对生物入侵的定义是某种生物通过自然途径或人类的辅助从原来的分布区域扩展到新的遥远的地区，在新的生态系统内定居并建立起自己的种群，其后代可以繁殖、生存、扩展，并对本地物种和生态环境构成威胁，破坏生物多样性[3]。

金钥匙 6

什么是外来入侵物种？

外来入侵物种[5]是指从自然分布区通过有意或者无意的人类活动而被引入，在当地的自然或半自然生态系统中形成了自我再生能力，给当地的生态系统或景观造成明显损害或影响的物种。例如，鳄雀鳝（*Atractosteus spatula*）原产于北美洲，是一种淡水巨型食肉鱼。它是北美洲 7 种雀鳝鱼中最大的一种，一般体长 1~2 米，最长的可达 3 米，繁殖能力极强。它们"胃口极大"，水里的活物几乎通吃，坚硬的鱼鳞足以让它免受各种凶猛食肉性动物的威胁。其肉质还有剧毒，不可食用。鳄雀鳝作为一种外来入侵物种，进入我国后处在水生食物链的顶端，一旦入侵到天然水域，很可能给当地水体生态系统带来灭顶之灾。

金钥匙 7

外来入侵物种的危害有哪些？

外来入侵物种的危害主要分为如下五个方面[4-5]：

（1）严重破坏生态系统的结构和功能。比如松材线虫病（*Bursaphelenchus xylophilus*）又名松枯萎病，是影响我国森林生态最严重的森林病害之一。松材线虫也是世界各地严密防范的入侵生物。松材线虫危害对象主要是松属植物，包括马尾松、日本黑松等。患病树木症状表现为针叶陆续变为黄褐色乃至红褐色，树木逐渐枯萎，最后整株死亡，远远地望过去，患病树木宛如被火烧过似的。在我国，松材线虫病于 1982 年于江苏南京首次发现，如今已扩散至多个省份，引发巨大的生态灾难。

（2）加快物种多样性的丧失。随着人类活动愈发频繁，国际交往日益紧密，交通越来越便利，原有的地理阻隔因素逐渐消除，世界各地间物种成分的交流和渗透在日益增多，各地间物种区系成分的趋同性和均匀性的发展趋势不可逆转。外来入侵物种通过压制或排挤本地物种，形成单优势种群，危及本地物种的生存，加快本地物种的消失与灭绝。比如飞机草（*Chromolaena odorata*），由东南亚传入我国后，由于其繁殖力强，生长旺盛，已在局部地区形成片状优势分布，严重危害原生植被与草地。

（3）影响遗传多样性。随着生境片段化，残存的次生植被常被入侵物种分割、包围和渗透，使本土生物种群进一步破碎化，造成一些物种的近亲繁殖和遗传漂变。如入侵种加拿大一枝黄花（*Solidago canadensis* L.）与本地种假蓍紫菀（*Aster ptarmicoides*）发生杂交，导致后者的遗传侵蚀。

（4）严重危害农林业生产。外来入侵物种在适宜的生态和气候条件下，疯狂生长，导致生态灾害频繁暴发，给入侵地区带来重大经济损失。例如，在我国分布广泛的恶性杂草——喜旱莲子草（*Alternanthera philoxeroides*），它危害水稻、大豆、玉米、棉花和烟草等作物，由于该杂草地下根状茎较难清除，多数除草剂作用甚微，危害严重时会导致地块作物颗粒无收。

（5）对人体健康造成危害。外来入侵物种不仅对生态环境、农林业生产带来巨大损失，而且直接威胁人类健康。例如，褐家鼠（*Rattus norvegicus*）、小家鼠（*Mus musculus*）等都是鼠疫、流行性出血热等传染病病原的自然携带者；豚草（*Ambrosia artemisiifolia* L.）会产生大量的豚草花粉，引起过敏体质者患花粉症。

金钥匙 8

蓝宝石华丽雨林档案

【中 文 名】蓝宝石华丽雨林（如图1-7所示）

【学　　名】*Poecilotheria metallica*

【分类地位】动物界，节肢动物门，蛛形纲，蜘蛛目，捕鸟蛛科，华丽雨林属

【分　　布】分布在印度次大陆东南部、斯里兰卡。

【形态特征】成年体长15～20厘米，全身细绒毛密布，呈现金属蓝色，腹部有错综复杂的碎形斑纹。

【生物习性】蓝宝石华丽雨林栖息在高大树木的树洞中，编织不对称的漏斗状网来捕捉各种飞虫作为自己的食物来源。作为一种华丽雨林，它们的生命周期相对较短，大约两年就可以长到成熟。

【危　　害】它们具有强烈的毒性及较强的攻击性，被咬者通常会出现伤口剧痛，肌肉疼

▲ 图 1-7 蓝宝石华丽雨林 （南京海关禹海鑫 供图）

痛、抽搐，胸口疼痛、心悸、喘不上气、晕厥等症状。

【截获记录】 2016 年 3 月，温州海关在进境邮件中截获。

【扩展阅读】 该物种于 2019 年被世界自然保护联盟（IUCN）[6] 列入《世界自然保护联盟濒危物种红色名录》，其濒危等级为"极度濒危"。

金钥匙 9

什么是世界自然保护联盟？

世界自然保护联盟是世界上规模最大、历史最悠久的全球性非营利环保机构，也是自然环境保护与可持续发展领域唯一作为联合国大会永久观察员的国际组织。1948 年在法国枫丹白露（Fontainebleau）成立，总部位于瑞士格朗。世界自然保护联盟的工作重心是保护生物多样性，以及保障生物资源利用的可持续性，为森林、湿地、海岸及海洋资源的保护与管理制定各种策略及方案。中国于 1996 年加入世界自然保护联盟，成为国家会员。2012 年正式设立世界自然保护联盟中国代表处，并在全国开展项目。

金钥匙 10

什么是濒危物种？

濒危物种是指在短时间内灭绝率较高的物种，种群数量已达到存活极限，其种群大小进一步减少将会导致物种灭绝。[7-8]这里有两层含义：第一，种群小或者数量有限；第二是野外数量不增。对野外数量不增的种群，可能意味着数量平衡，也可能意味着种群下降，如果这样的种又是指小种群，则可称之为濒危物种。目前，确定一个物种是否是濒危物种的依据主要有三个：一是由世界自然保护联盟编制的世界濒危动物红皮书及《世界自然保护联盟濒危物种红色名录》；二是《濒危野生动植物种国际贸易公约》（CITES）制定的濒危物种名录；三是《国家重点保护野生动植物名录》，该名录是我国有关专家参考世界濒危动物红皮书，并以此为基础，根据我国有关生物保护的法律而制定的。随着环境的不断变化，物种的濒危状况处在经常的变化中，上述濒危物种名录需要不定期更新，这也需要有相应的专家来组织完成。

金钥匙 11

猞猁档案

【中 文 名】猞猁

【学　　名】*Lynx lynx*

【分类地位】动物界，脊索动物门，哺乳纲，食肉目，猫科，猞猁属

【分　　布】欧洲和亚洲北部。

【形态特征】猞猁身体粗壮，四肢较长，尾短粗，尾尖呈钝圆形，耳基宽，耳尖具黑色耸立簇毛，两颊有下垂的长毛。脊背体毛呈红棕色，腹部体毛较淡呈黄白色，眼周毛色发白。背部的毛发最厚，身上或深或浅点缀着斑点或者小条纹。其

冬毛长而密，夏毛短而稀疏。雄性比雌性体形稍大。

【生物习性】猞猁是一种喜好离群独居、孤身活跃在广阔空间里的野生动物，喜寒，以鼠类、野兔等为食，也捕食小野猪和小鹿等。巢穴多筑在岩缝石洞或树洞内。雌性达到生殖成熟需 20~24 个月，雄性需 30~34 个月。每年 2~4 月份交配，妊娠期 2 个月左右，每胎 2~4 仔。野外猞猁的寿命为 12~15 年。

【扩展阅读】猞猁为中国国家Ⅱ级重点保护动物，被列入《濒危野生动植物种国际贸易公约》附录Ⅱ，《中国物种红色名录》评估其为濒危。在中世纪的欧洲，由于猞猁耳朵尖的那撮黑毛，常被人类当作"害兽"大量捕杀。到了 19 世纪，猞猁已经在欧洲许多国家彻底灭绝了。直到 20 世纪 70 年代，该种群才在欧洲逐渐恢复。

金钥匙 12

什么是生态系统？

生态系统是指在一定空间范围内，各生物成分（包括人类在内）和非生物成分（环境中物理—化学因子），通过能量流动和物质循环而相互作用、相互依存所形成的一个生态学单位。地球上的生态系统是多种多样的，大到我们整个生物圈，小到一片草原、一片森林、一个池塘、一个湖泊都各自构成了一个生态系统。地球上大大小小的生态系统是人类赖以生存的基础。[3]

金钥匙 13

什么是食物链？

食物链是英国动物生态学家埃尔顿于 1927 年首次提出的生态学术语。它是指生态系统中各种生物为维持其本身的生命活动，必须以其他生物为食物的这种由生物联结起来的链锁关系，又被称为"营养链"。这种摄食关系，实际上是太阳能从一种生物转到另一种生物的关系，也即物质能量通过食物链的方式流动和转换，食物链中不同环节的生物其数量相对稳定，以保持自然平衡。[9]

金钥匙 14

什么是生态平衡？

在自然界中，森林、草原、湖泊都是由动物、植物、微生物等生物成分和光、水、土壤、空气、温度等非生物成分所组成。每一个成分都不是孤立存在的，而是相互联系、相互制约的统一综合体。它们之间通过相互作用达到一个相对稳定的平衡状态，称为生态平衡[10]。这样的过程是能在一定程度和范围内进行自我调节和控制来维持相对稳定的状态，受到轻度破坏后可以自我修复，但是如果受到的干扰过大，超出了生态系统自身调节能力的范围，那么生态平衡就会被打破，相应地生态系统就会被破坏甚至崩溃。如人类乱砍滥伐森林、大规模捕杀动物、工业废水处理不当导致的水体污染、生物入侵等均会对生态系统平衡造成严重的破坏。

金钥匙 15

什么是生物多样性？

《生物多样性公约》（Convention on Biological Diversity）将生物多样性分为基因多样性、物种多样性和生态系统多样性三个层次[11]。通俗来说，生物多样性是指生物的多样化程度，并非指生物总数的多少，比如我们清除了一块杂草地，在这块地上种上小麦，生物的个体数量（指小麦）一下子多出很多，但没有了物种的多样性，因为这块地上只有小麦一个物种了。因此，我们保护生物多样性，实际上是保护了生物在基因、物种和生态系统三个层次上的绚烂多姿。

金钥匙 16

什么是濒危野生动植物？

濒危野生动植物是指由于物种自身的原因或受到人类及其他外界生物活动或自然灾

害的影响而有种群灭绝危险的物种，[12]泛指珍贵、濒危或稀有的野生动植物。《世界自然保护联盟濒危物种红色名录》从 20 世纪 60 年代开始编制，是全球动植物和真菌类物种保护现状最全面、最权威的名录。物种保护级别按照严重程度的高低划分为九个类别，即灭绝、野外灭绝、极危、濒危、易危、近危、无危、数据缺乏、未评估，覆盖了相关物种的生存范围、种群数量、栖息地、趋势、面临的威胁、急需的保护行动等信息。

金钥匙 17

保护濒危野生动植物、防范外来有害生物入侵的相关国际公约及法律规定有哪些?

（1）《国际植物保护公约》（International Plant Protection Convention）是一项用来保护植物物种、防止植物及植物产品有害生物在国际上扩散的公约[13]。

（2）《濒危野生动植物种国际贸易公约》（CITES）作为一个具有较强约束力的国际公约，旨在保护列入其附录的物种免于遭受可能由国际商业贸易导致的灭绝。[14]我国已于 1981 年加入 CITES 公约。联合国大会将该公约签署日确定为世界野生动植物日，即每年的 3 月 3 日。

（3）《外来入侵物种管理办法》自 2022 年 8 月 1 日起施行。其第二十五条规定："违反本办法规定，未经批准，擅自引进、释放或者丢弃外来物种的，依照《中华人民共和国生物安全法》第八十一条处罚。涉嫌犯罪的，依法移送司法机关追究刑事责任。"

（4）《中华人民共和国生物安全法》是为维护国家安全，防范和应对生物安全风险，保障人民生命健康，保护生物资源和生态环境，促进生物技术健康发展，推动构建人类命运共同体，实现人与自然和谐共生而制定的法律，于 2021 年 4 月 15 日起施行。其第六十条第三款规定："任何单位和个人未经批准，不得擅自引进、释放或者丢弃外来物种。"第八十一条规定："违反本法规定，未经批准，擅自引进外来物种的，由县级以上人民政府有关部门根据职责分工，没收引进的外来物种，并处五万元以上二十五万元以下的罚款。违反本法规定，未经批准，擅自释放或者丢弃外来物种的，由县级以上人民政府有关部门根据职责分工，责令限期捕回、找回释放或者丢弃的外来物种，处一万元以上五万元以下的罚款。"

（5）《中华人民共和国刑法》（2020 年修订）第三百四十一条第一款规定："非法猎捕、杀害国家重点保护的珍贵、濒危野生动物的，或者非法收购、运输、出售国家重点保护的珍贵、濒危野生动物及其制品的，处五年以下有期徒刑或者拘役，并处罚金；情节严重的，处五年以上十年以下有期徒刑，并处罚金；情节特别严重的，处十年以上有期徒刑，并处罚金或者没收财产。"第三百四十四条之一规定："违反国家规定，非法引进、释放或者丢弃外来入侵物种，情节严重的，处三年以下有期徒刑或者拘役，并处或者单处罚金。"

（6）《中华人民共和国进出境动植物检疫法》及其实施条例。《中华人民共和国进出境动植物检疫法》第二十八条规定："携带、邮寄植物种子、种苗及其他繁殖材料进境的，必须事先提出申请，办理检疫审批手续。"第二十九条规定："禁止携带、邮寄进境的动植物、动植物产品和其他检疫物的名录，由国务院农业行政主管部门制定并公布。携带、邮寄前款规定的名录所列的动植物、动植物产品和其他检疫物进境的，作退回或者销毁处理。"

（7）《中华人民共和国野生动物保护法》（2022 年修订）是为了保护野生动物，拯救珍贵、濒危野生动物，维护生物多样性和生态平衡，推进生态文明建设，促进人与自然和谐共生而制定的法规，于 2023 年 5 月 1 日起施行。

第二十八条规定："禁止出售、购买、利用国家重点保护野生动物及其制品。

"因科学研究、人工繁育、公众展示展演、文物保护或者其他特殊情况，需要出售、购买、利用国家重点保护野生动物及其制品的，应当经省、自治区、直辖市人民政府野生动物保护主管部门批准，并按照规定取得和使用专用标识，保证可追溯，但国务院对批准机关另有规定的除外。

"出售、利用有重要生态、科学、社会价值的陆生野生动物和地方重点保护野生动物及其制品的，应当提供狩猎、人工繁育、进出口等合法来源证明。

"实行国家重点保护野生动物和有重要生态、科学、社会价值的陆生野生动物及其制品专用标识的范围和管理办法，由国务院野生动物保护主管部门规定。

"出售本条第二款、第三款规定的野生动物的，还应当依法附有检疫证明。

"利用野生动物进行公众展示展演应当采取安全管理措施，并保障野生动物健康状态，具体管理办法由国务院野生动物保护主管部门会同国务院有关部门制定。"

第三十七条规定："中华人民共和国缔结或者参加的国际公约禁止或者限制贸易的野生动物或者其制品名录，由国家濒危物种进出口管理机构制定、调整并公布。

"进出口列入前款名录的野生动物或者其制品，或者出口国家重点保护野生动物或者其制品的，应当经国务院野生动物保护主管部门或者国务院批准，并取得国家濒危物种进出口管理机构核发的允许进出口证明书。海关凭允许进出口证明书办理进出境检疫，并依法办理其他海关手续。

"涉及科学技术保密的野生动物物种的出口，按照国务院有关规定办理。

"列入本条第一款名录的野生动物，经国务院野生动物保护主管部门核准，按照本法有关规定进行管理。"

（8）《中华人民共和国濒危野生动植物进出口管理条例》（2019年）第二十一条第四款规定："进口或者出口濒危野生动植物及其产品的，应当凭允许进出口证明书向海关报检，并接受检验检疫。"

（9）《中华人民共和国长江保护法》（2020年修订）第四十二条第三款规定："禁止在长江流域开放水域养殖、投放外来物种或者其他非本地物种种质资源。"

知识巩固 ?

金问号　1

故事中斯蒂芬岛上哪种动物是通过人为方式带到岛上的？

金问号　2

思考一下，为什么这种动物会给岛上的生物带来灭顶之灾？

金问号　3

如果全家一起出国玩，回国时，妈妈想买一些国内没有的蔬菜或水果带回去尝尝鲜，你会怎么做呢？

［1］杜治平，刘媛.野生动物异域宠物贸易猖獗［J］.生态经济，2019（5）：4.

［2］钟勇，黄静，陈展册，等.关于异宠监管的思考和建议［J］.植物检疫，2023，37（2）：3.

［3］李宏，许惠.外来物种入侵科学导论［M］.科学出版社，2016.

［4］隋淑光.外来生物入侵一场没有硝烟的战争［M］.中国农业出版社，2011.

［5］徐海根，王健民，强盛，王长永.外来物种入侵·生物安全·遗传资源［M］.科学出版社，2004.

［6］安尼瓦尔·木沙.什么是IUCN——世界自然保护联盟［J］.新疆林业，1999（1）：1.

［7］何友均，李忠，崔国发，等.濒危物种保护方法研究进展［J］.生态学报，2004，24（2）：338-346.

［8］陈领.中国的濒危物种及其保护［J］.动物学报，1999，45（03）：350-354.

［9］石振华.隐藏的动力：生物在自然界中的价值［M］.汕头：汕头大学出版社，2020.

［10］李钢.浅谈生态平衡［J］.生物学通报，1989（5）：3.

［11］钱伟平.人类活动对生物多样性的负面影响［J］.生物学通报，2002，37（005）：25-25.

［12］蒋志刚.论《濒危野生动植物种国际贸易公约》物种概念的内涵和外延［J］.生物多样性，2017，25（001）：88-90.

［13］杨丽.国际植物保护公约（IPPC）［J］.世界标准化与质量管理，2002（8）：37-37.

［14］周志华，蒋志刚.《濒危野生动植物种国际贸易公约》与我国遗传资源管理对策［J］.生物多样性，2007，15（3）：10.

第二章
归国＂历险＂记

候机

[金钥匙 1]
[金钥匙 2]　[金钥匙 3]

　　北纬 13°41′，泰国素万那普机场候机大厅。关博一家美妙的泰国之旅即将结束，一家三口将要登上飞回中国 S 市的国际航班。关妞既不舍又有些兴奋，紧紧拉着爸爸的手，顾自噼里啪啦说个不停："爸爸，在超市里看到的蝴蝶真漂亮啊！"没等关博回应小嘴又嘟囔："爸爸，我真的好想带一只回去给小明看。""这个是不行的！"关博严肃地说。"但是，爸爸，你不是常说好东西要与好朋友一起分享吗？"关妞噘起小嘴来。"这个不一样，**蝴蝶**标本虽然美丽，但属于**我国禁止携带入境的物品**，除非办理入境检疫审批等一系列手续才行。而且有些种类还是濒危物种，更不能带了。"关博一脸严肃地继续解释。"那标本不能带，下次我们带活的蝴蝶回去总可以了吧？"关妞有些气恼。"那就更不行了，"关博有点儿哭笑不得，"蝴蝶的幼虫，就是毛毛虫，它们会吃掉寄主植物的叶片，有些种类危害还特别严重，能把整片的树林都给吃得光秃秃的。活的蝴蝶也是我国禁止携带入境的物品。"关妞听后，惊讶地张大了嘴巴，眼前仿佛看到了大片的果树被毛毛虫吃得光秃秃的场景。"此外，蝴蝶标本属于昆虫尸体，容易携带寄生虫、霉菌、细菌、病毒等有害生物，携带入境会污染环境，传播疫情的。"关博补充道。

2 飞上蓝天

[金钥匙 4]

　　经过漫长的等待，飞机终于起飞了。飞机不断攀升，地面物体渐渐变小，普吉岛宛如一颗璀璨的珍珠镶嵌在了碧蓝色的印度洋上。透过窗户可以看到一朵朵白云从机身旁悠闲地飘过，就像一团团飘浮着的棉花糖，而飞机就像一条灵活的白色大鱼在棉花糖里穿梭。有时还会看到一束耀眼的强光，那是阳光打在了云朵上，如果是傍晚，云朵看起来就像是一座璀璨的金山。天空中，一会儿像熊、一会儿像狗的云朵从身边划过，但关妞的注意力显然不在这些上面，相反，她显得有些心神不宁，坐立不安。只见她坐在椅子上，不停地扭来扭去，手却紧紧地捂住上衣口袋。关妞不能确定口袋里的"小糖丸"是否属于爸爸所说的禁止携带物，那是她在泰国宠物市场里捡的。当时她看到一颗小圆球从笼子里的蜥蜴屁股底下掉出来，乳白色，透着青润的光，有点儿像煮熟了的小鸡蛋，关妞偷偷地捡起来揣进了口袋。

3 飞机降落

"各位旅客请注意，各位旅客请注意，飞机准备降落，请大家收起小桌板。"飞机上响起乘务员姐姐甜美的提示。关博和海美丽一边聊天一边翻看着机舱座位置物袋里的禁止携带物宣传手册，这时机载电视屏幕开始播放入境安全须知及海关入境检疫注意事项。关妞紧紧捂住口袋，向窗外看去，飞机缓缓地降低高度，地面物体慢慢地呈现出来，就像看放大镜似的，高山、河流、大厦、道路、树木、行人都越来越大、越来越清晰了。

4 平安抵达

[金钥匙 5]

飞机终于平稳降落，旅客有序排队下机。关妞偷偷摸了摸上衣口袋，悄悄舒了口气，"小糖丸"还在。一家三口通过廊桥进入航站楼大厅，才走了一会儿，关妞就挣脱海美丽的手，向自动人行道跑去，结果被海美丽一把拉住。"妈妈，我不想走路，我要坐这个自动电梯。"关妞撒娇地摇着海美丽的手。"不行，你看，这上面写着的是国内到达，我们要去另一边的国际到达才行。"海美丽指着一块指示牌耐心地解释。"不嘛，我就要坐这电梯走。"关妞不依不饶。"关妞，你想不想知道国内到达与国际到达有什么不同呢？"走在前面的关博回过头问。"想呀，有什么不同吗？"关妞很好奇。"国内到达是指在国内出发到达的航班和旅客，**国际到达**是指从国外出发到达的航班和旅客。"关博指着上方挂着的指示牌（如图 2-1 所示）解释道。"关妞，那爸爸考考你，我们从泰国回来，是国内到达还是国际到达？"关博爸爸故意卖关子。"是国际到达，对吗？爸爸。"关妞想了想答道。"对呀，那我们该走哪个方向呢？"关博故意挠了挠头，装出一副疑惑的样子。"我知道啦，应该走国际到达通道。"关妞说着，拽起爸爸往国际到达出口走去。

匆匆过了机场边检卡口，人们又在悬挂着"中国海关"标识的闸口（如图2-2所示）排起了长队。"这里就是查验禁止携带入境物品的地方。"爸爸轻声地说。关妞紧张地捂紧了上衣口袋，小脸显得有些苍白。"请大家把随身行李放到传送带上。"一名年轻的海关关员指挥旅客有序地将随身行李放上传送带进行 X 光机检查。"先生您好，麻烦带上您的行李往这边接受检查。"一名海关工作人员礼貌地对正从无申报通道走出的旅客做了个请的指示手势。关博悄悄地拉了拉关妞，示意他向那名旅客的方向看看，"为了检查旅客行李中是否夹带有禁止携带入境物，海关工作人员会通过 X 光机来查看行李物品的图像以确定里面有没有嫌疑物品，很多私藏夹带入境的异宠就是通过这种方式截获的。比如前段时间广州海关截获的**斗鱼**（如图2-3所示）就是旅客用塑料袋密封后藏在行李箱内，在过机检查时被现场查验关员发现的。更有奇葩的，像最近南宁海关所属东兴海关截获的宠物蛇——**网纹蟒**（如图2-4所示），也是通过 X 光机从一名入境旅客行李中发现，该旅客试图把网纹蟒藏在四只黑棉袜中夹带进来。"天啊，还有蛇，

▲ 图 2-1　国际到达大厅　（南宁海关钟勇　供图）

金钥匙 6

金钥匙 7

▲ 图 2-2　悬挂着"中国海关"标识的闸口　（南宁海关钟勇　供图）

▲ 图 2-3　广州海关截获斗鱼　（南宁海关钟勇　供图）

真的是太恐怖了。"海美丽一听到蛇，吓得花容失色，不自觉地抓紧了关博的手。关妞跟在爸爸身后，听到这些更是紧张得有些发抖。"怎么啦？小朋友，不舒服吗？"一名海关工作人员感觉到了异常，蹲下来关切地问。关妞"哇"地一声哭了起来，把攥紧的小手高高举起再打开，原来是那颗莹润的"小糖丸"。见状，海关工作人员连忙把他们带到了旁边的询问室。关博和海美丽你看看我，我看看

▲ 图 2-4　东兴海关截获网纹蟒 （南宁海关李萍　供图）

揭秘异宠
关妞游学记

38

你，不明就里。"关妞，这是咋回事呢?"关博抚摸着关妞的头，等她平静下来柔声问道。"爸爸，我害怕。"关妞扯着关博的袖子。"不怕，爸爸妈妈在呢，你说说怎么回事?"于是，关妞就把"小糖丸"的来龙去脉说了一遍。关博仔细看了看"小糖丸"肯定地说:"这是**蜥蜴蛋**，

[金钥匙 8]

属于禁止携带入境物品。""爸爸!"关妞又紧张起来，抬眼看向关博又看向海关工作人员。"别怕，孩子，这颗蜥蜴蛋我没收销毁了，下次可要注意了! 千万不要带禁止入境物品回来了。"海关工作人员又看向关博，"爸爸妈妈的教育工作也很重要。这些年，很多年轻人把各种稀奇

[金钥匙 9]

古怪的小动物当异宠饲养，一不小心就可能因为**买卖濒危物种**而触犯法律，受到严惩。在机场也经常能遇到很多回国人员因为不懂规定不

[金钥匙 10]

经申报审批就私自**携带异宠入境**而遭到没收处罚的情况。大家可能意识不到的是，小小的异宠极有可能引起巨大的生态灾难。希望你们回去以后能多做宣传。"说着，海关工作人员递给关博一叠精美的宣传

[金钥匙 11]

画册，又送给关妞一个**检疫犬玩偶**。关博双手接过画册，同时两脚一并，"啪"地来了个立正敬礼，"是，保证完成任务。"现场的气氛顿时轻松起来。"谢谢阿姨，再见!"关妞与工作人员道完别，随爸爸妈妈走出了检查口。

5

彪悍的
雀尾螳螂虾

在行李提取大厅，关妞有了新发现。"爸爸，爸爸，您快看，这可爱的狗狗多像咱家的旺财。"关妞指着一只在行李传送带跳上跳下的工作犬兴奋地大喊。"这可不是一般的狗狗哦，这是检疫犬。"关博自豪地说道。"什么是检疫犬？"海美丽也好奇起来。"检疫犬就是经过海关工作人员驯导，利用犬嗅觉灵敏的特性，在旅客行李中查发水果、肉禽、海鲜等检疫物的一类工作犬。"关博介绍道。"哇，这可真神奇！"海美丽不由赞叹道。正说话间，检疫犬跳到传送带上蹲在一个行李箱旁一动不动。这时，海关驯导员走过去把行李箱拿了下来。"狗狗有发现啦！走，咱去瞧瞧。"关博神秘地小声说道，并拉了拉关妞。

透过检查室的玻璃门，关妞看见行李的主人在不断地作揖，似乎在恳求，又像在忏悔，海关现场查验人员从打开的行李箱拿出一只玻璃罐，里面装了一只色彩斑斓的小动物。"哇哦！"关妞把嘴张成了"O"形，

▲ 图2-5 雀尾螳螂虾（南宁海关钟勇 供图）

金钥匙 12

"这是虾吗？真漂亮！""这叫雀尾螳螂虾（如图2-5所示），是口足目齿指虾蛄科齿指虾蛄属动物，身体最长可达到18厘米，外表由红、蓝、绿等多种鲜艳的颜色构成，像孔雀般艳丽，而它的捕食方式更像螳螂，因此得名。雀尾螳螂虾分布在日本南部、澳大利亚北部，以及东部非洲和关岛之间等海域，栖息在水下3~40米处，以腹足动物、甲壳类动物、双壳类动物等为食。雀尾螳螂虾性情凶猛，攻击力惊人，它可以在五十分之一秒内将捕肢的前端弹射出去，最高时速超过每小时80千米，加速度超过0.22英寸口径的手枪子弹，可产生最高达60千克的冲击力，瞬间由摩擦产生的高温甚至让周围的水冒出电火花。人类把雀尾螳螂虾复眼能察觉偏振光的原理应用到医学上，为疾病的治疗研发出更先进的设备。"关博说完，看着一脸崇拜的海美丽，不禁为自己渊博的知识有点儿小得意。"爸爸，我们能不能买下这只雀尾螳螂虾？"关妞期待地看向关博。"这可不行，这也属于禁止携带入境物品，你看，海关叔叔正要没收呢，那位旅客估计是不懂规定。有些人因为不懂规定在国外买了一些稀奇古怪的动物带回来当宠物养，其实这些动物是不允许携带入境的，我们应该多多主动宣传，让更多的人知道相关规定，避免造成个人不必要的经济损失。关妞，你愿意做个助人为乐的小小宣讲员吗？"关博不失时机地引导。"我愿意，我愿意。"关妞快乐地一手拉住关博，一手拉起海美丽，踏上了回家的路程。

有关蝴蝶的知识你知道吗？

　　蝴蝶是昆虫纲鳞翅目凤蝶总科昆虫的统称，全世界已记载近2万种。蝴蝶属完全变态昆虫，一生需要经历卵、幼虫、蛹和成虫四个发育阶段（如图2-6所示）。由于很多蝴蝶具有斑斓的色彩，被称为"会飞的花朵"，成为很多异宠爱好者收藏的热门类群之一。由于人类的过度捕捉，以及生态环境的变化等原因，很多蝴蝶种类已经濒临灭绝。此外，蝴蝶的幼虫就是我们常说的"毛毛虫"，通常以植物叶片为食，有不少种类是主要的农林业害虫。

▲ 图2-6　蝴蝶的成长过程

我国禁止携带入境的物品有哪些?

我国禁止携带入境的物品包括《中华人民共和国禁止进出境物品表》和《中华人民共和国限制进出境物品表》(海关总署令第 43 号)、《中华人民共和国禁止携带、寄递进境的动植物及其产品和其他检疫物名录》(中华人民共和国农业农村部和海关总署联合公告〔2021〕第 470 号)中规定的物品。(详见表 2-1、表 2-2、表 2-3)

表 2-1　中华人民共和国禁止进出境物品表

禁止进境物品	禁止出境物品
1. 各种武器、仿真武器、弹药及爆炸物品; 2. 伪造的货币及伪造的有价证券; 3. 对中国政治、经济、文化、道德有害的印刷品、胶卷、照片、唱片、影片、录音带、录像带、激光视盘、计算机存储介质及其他物品; 4. 各种烈性毒药; 5. 鸦片、吗啡、海洛因、大麻以及其他能使人成瘾的麻醉品、精神药物; 6. 带有危险性病菌、害虫及其他有害生物的动物、植物及其产品; 7. 有碍人畜健康的、来自疫区的以及其他能传播疾病的食品、药品或其他物品。	1. 列入禁止进境范围的所有物品; 2. 内容涉及国家秘密的手稿、印刷品、胶卷、照片、唱片、影片、录音带、录像带、激光视盘、计算机存储介质及其他物品; 3. 珍贵文物及其他禁止出境的文物; 4. 濒危的和珍贵的动物、植物(均含标本)及其种子和繁殖材料。

表 2-2　中华人民共和国限制进出境物品表

限制进境物品	限制出境物品
1. 无线电收发信机、通信保密机; 2. 烟、酒; 3. 濒危的和珍贵的动物、植物(均含标本)及其种子和繁殖材料; 4. 国家货币; 5. 海关限制进境的其他物品。	1. 金银等贵重金属及其制品; 2. 国家货币; 3. 外币及其有价证券; 4. 无线电收发信机、通信保密机; 5. 贵重中药材; 6. 一般文物; 7. 海关限制出境的其他物品。

表 2-3 中华人民共和国禁止携带、寄递进境的动植物及其产品和其他检疫物名录 [1]

动物及动物产品类	（一）活动物（犬、猫除外 [2]）。包括所有的哺乳动物、鸟类、鱼类、甲壳类、两栖类、爬行类、昆虫类和其他无脊椎动物，动物遗传物质。 （二）（生或熟）肉类（含脏器类）及其制品。 （三）水生动物产品。干制，熟制，发酵后制成的食用酱汁类水生动物产品除外。 （四）动物源性乳及乳制品。包括生乳、巴氏杀菌乳、灭菌乳、调制乳、发酵乳，奶油、黄油、奶酪、炼乳等乳制品。 （五）蛋及其制品。包括鲜蛋、皮蛋、咸蛋、蛋液、蛋壳、蛋黄酱等蛋源产品。 （六）燕窝。经商业无菌处理的罐头装燕窝除外。 （七）油脂类，皮张，原毛类，蹄（爪）、骨、牙、角类及其制品。经加工处理且无血污、肌肉和脂肪等的蛋壳类、蹄（爪）骨角类、贝壳类、甲壳类等工艺品除外。 （八）动物源性饲料、动物源性中药材、动物源性肥料。
植物及植物产品类	（九）新鲜水果、蔬菜。 （十）鲜切花。 （十一）烟叶。 （十二）种子、种苗及其他具有繁殖能力的植物、植物产品及材料。
其他检疫物类	（十三）菌种、毒种、寄生虫等动植物病原体，害虫及其他有害生物，兽用生物制品，细胞、器官组织、血液及其制品等生物材料及其他高风险生物因子。 （十四）动物尸体、动物标本、动物源性废弃物。 （十五）土壤及有机栽培介质。 （十六）转基因生物材料。 （十七）国家禁止进境的其他动植物、动植物产品和其他检疫物。

注：1、通过携带或寄递方式进境的动植物及其产品和其他检疫物，经国家有关行政主管部门审批许可，并具有输出国家或地区官方机构出具的检疫证书，不受此名录的限制。

2、具有输出国家或地区官方机构出具的动物检疫证书和疫苗接种证书的犬、猫等宠物，每人仅限携带或分离托运一只。具体检疫要求按相关规定执行。

3、法律、行政法规、部门规章对禁止携带、寄递进境的动植物及其产品和其他检疫物另有规定的，按相关规定办理。

![金钥匙] **3**

出入境可以携带昆虫标本吗？

昆虫标本在国内航班不属于禁止携带的物品，但是出入境则需办理检疫审批手续。因为昆虫标本属昆虫尸体，未经检疫处理，常携带有寄生虫、霉菌、细菌和病毒等有害生物。昆虫尸体是有害生物的传播媒介，携带入境可能会污染环境，传播疫情，危害较大。

包含昆虫标本在内的所有动物标本是《中华人民共和国禁止携带、寄递进境的动植物及其产品和其他检疫物名录》中明确禁止携带、邮寄进境的物品。由于其来源、品种及卫生状况不明，产地、制作和形成过程没有明确的标准，无法进行有效监管，检疫风险难以评估，可能会给我国生态、农业带来重大的安全隐患。因此，口岸检验检疫部门一旦发现没有官方机构出具检疫证书的动物标本，都会依据规定做截留处理。

有关蜥蜴的这些知识你知道吗？

蜥蜴，脊索动物门爬行纲动物，全球有超过5500种。蜥蜴有体长可达3米的最大蜥蜴——科摩多巨蜥（*Varanus komodoensis*），也有体长不足一枚硬币的最小蜥蜴——*Lepidoblefalis miyatai*。成年蜥蜴的重量从不到0.5克到超过150千克不等。有些雄性蜥蜴（比如绿色双冠蜥，如图2-6所示）长有各种各样的装饰物，例如可伸展的喉扇和褶边、喉刺，头上的角或盔甲，以及尾冠。

▲ 图2-6　绿色双冠蜥　（南宁海关钟勇　供图）

编者注：由于蜥蜴形态多样，很多雄性蜥蜴长有各种各样的装饰物，逐渐成为很多异宠饲养圈内的热门异宠类群之一。

中国港澳台地区／国际到达通关流程有哪些？

01 航班到达，登机口下机

02 国际、港澳台到达通道／国际到达通关

海关（卫生检疫）

边防检查

03 提取行李

04 行李申报

05 检验检疫（行李检查）

06 离开机场

斗鱼档案

【中　文　名】斗鱼（如图 2-7 所示）

【学　　　名】*Belontiidae* spp.

【分类地位】动物界，脊索动物门，硬骨鱼纲，鲈形目，斗鱼科，斗鱼属

【分　　　布】主要分布于亚洲东南部，如朝鲜、泰国和马来西亚。

【形态特征】成年斗鱼身长 6 ～ 7 厘米，全身呈棕红色，又带有蓝绿纹的横带，就像是穿着一件鲜艳的"T 恤衫"。它们的"眉目"也很清秀，小小的嘴巴、短短的下巴、大大的眼睛，尾巴长得像飘扬的旗子。

【生物习性】斗鱼食性杂，主要摄食浮游动物、昆虫幼虫、水蚤等小型水生生物，也食丝状藻类。斗鱼性情粗暴，雄鱼相遇时好打斗，尤其是在繁殖期，打斗更为激烈。

【危　　　害】食性杂，一旦发生逃逸或随意放生，会对本土水生生物的生存造成影响。

【截获记录】2017 年 11 月，厦门航空口岸从入境旅客行李中截获泰国斗鱼 81 尾；2023 年 5 月，广州白云机场航空口岸截获旅客违规携带入境的斗鱼、孔雀鱼等品种的活体鱼 314 尾。

【扩展阅读】斗鱼是斗鱼科斗鱼属的通称，因喜斗而得名。由于斗鱼对配偶的要求十分严格，如果在体形上有所差异，或者不能让对方满意，求偶不但不能成功，甚至还会出现激烈的打斗行为，直到两败俱伤为止。

▲ 图 2-7　斗鱼 （南宁海关钟勇　供图）

网纹蟒档案

【中 文 名】网纹蟒（如图 2-8 所示）

【学　　名】*Python reticulatus*

【分类地位】动物界，脊索动物门，爬虫纲，有鳞目，蟒科，蟒属

【分　　布】主要分布于东南亚国家，如菲律宾及印度尼西亚。

【形态特征】网纹蟒体形修长，长度通常在 1.5 ~ 6 米，最长可达 7 米，雌性比雄性体形大得多。体背有颜色较暗的三角形斑点，以及夹杂于较暗的线纹之间的黄色。腹部鳞片为淡黄色或白色，头部一般为黄色，头背中间有一条暗色的细纹向后延伸。

【生物习性】网纹蟒是食肉性动物，主食小动物，在野外也能捕食小鹿、野猪等大型猎物。网纹蟒是夜行性动物，幼体有树栖性，主要独居于热带雨林、林地、草地及泥沼环境中，能入水，有时出现在村庄，袭击家畜。白天缠绕树上休息，夜间出来捕食和活动。网纹蟒属卵生生物，交配后 3 ~ 4 个月，雌蟒会产下 30 ~ 100 枚卵。雌蟒通过间歇性肌肉收缩控制孵化温度，孵化 2 ~ 3 个月幼蟒便可破壳而出，刚出壳的幼体长度只有 0.5 ~ 0.75 米。

▲ 图 2-8　网纹蟒（南宁海关李萍　供图）

【危　　害】当网纹蟒被走私到其他地区时，它们会对当地的生态平衡产生严重的影响。很可能因缺少天敌，导致网纹蟒在本地大量繁殖危及本地生物种群。这种物种入侵会扰乱整个食物链，破坏生态系统的稳定性，给当地生态环境带来无法弥补的损害。网纹蟒还对人类健康构成了潜在的威胁。这些蟒蛇通常携带着各种病原体和寄生虫，可能成为疾病的潜在传播者，给人类健康带来潜在风险。

【截获记录】2023 年 8 月，南宁海关东兴口岸从进境旅客携带物中截获 4 条网纹蟒。

【扩展阅读】网纹蟒属于《濒危野生动植物种国际贸易公约》附录 Ⅱ 所列物种。野生网纹蟒性情粗暴，而且它还是有确切食人记录的两种蟒蛇之一（另一种是非洲岩蟒）。

金钥匙 8

你见过蜥蜴蛋吗？

一般来说，每一颗蜥蜴蛋（如图 2-9 所示）的形状、大小和颜色都是独一无二的，有圆形的，还有椭圆形的、扭曲或不规则的。蜥蜴蛋的形状和大小因蜥蜴的种类不同和雌性的大小而有很大差异，尺寸可以从直径几毫米到几厘米不等。蜥蜴蛋可以有多种颜色，从纯白色到深棕色，甚至有斑点。质地也各不相同，有些是光滑又有光泽的，有些是粗糙、凹凸不平的。这些颜色和纹理有助于伪装卵并保护它们免受捕食者的侵害。蜥蜴蛋的蛋壳包含碳酸钙和其他矿物质的复杂混合物。蛋壳对于保护发育中的胚胎和防止脱水至关重要。

▲ 图 2-9　蜥蜴蛋 （南宁海关钟勇　供图）

买卖濒危物种会涉嫌违反哪些法律规定?

根据《中华人民共和国刑法》(以下简称《刑法》),买卖濒危物种,涉嫌危害珍贵、濒危野生动物罪和／或危害国家重点保护植物罪。

【危害珍贵、濒危野生动物罪】

《刑法》第三百四十一条第一款规定,非法猎捕、杀害国家重点保护的珍贵、濒危野生动物的,或者非法收购、运输、出售国家重点保护的珍贵、濒危野生动物及其制品的,处五年以下有期徒刑或者拘役,并处罚金;情节严重的,处五年以上十年以下有期徒刑,并处罚金;情节特别严重的,处十年以上有期徒刑,并处罚金或者没收财产。

【危害国家重点保护植物罪】

《刑法》第三百四十规定,违反国家规定,非法采伐、毁坏珍贵树木或者国家重点保护的其他植物的,或者非法收购、运输、加工、出售珍贵树木或者国家重点保护的其他植物及其制品的,处三年以下有期徒刑、拘役或者管制,并处罚金;情节严重的,处三年以上七年以下有期徒刑,并处罚金。

海关是如何监管携带异宠小动物入境的?

《出入境人员携带物检疫管理办法》(质检总局第 146 号令)

第四条　出入境人员携带下列物品,应当向海关申报并接受检疫:

(一)入境动植物、动植物产品和其他检疫物;

(二)出入境生物物种资源、濒危野生动植物及其产品;

(三)出境的国家重点保护的野生动植物及其产品;

(四)出入境的微生物、人体组织、生物制品、血液及血液制品等特殊物品(以下简称"特殊物品");

(五)出入境的尸体、骸骨等;

（六）来自疫区、被传染病污染或者可能传播传染病的出入境的行李和物品；

（七）其他应当向海关申报并接受检疫的携带物。

那么根据上面的法令，海关又是如何开展携带"异宠"小动物入境监管的呢？具体步骤如下：

01 申报 - - - - - - - - - - >

> 海关可以在交通工具、人员出入境通道、行李提取或者托运处等现场，对出入境人员携带物进行现场检查，现场检查可以使用 X 光机、检疫犬以及其他方式进行。对出入境人员可能携带本办法规定应当申报的携带物而未申报的，海关可以进行查询并抽检其物品，必要时可以开箱（包）检查。
>
> 出入境人员应当接受检查，并配合检验检疫人员工作。享有外交、领事特权与豁免权的外国机构和人员公用或者自用的动植物、动植物产品和其他检疫物入境，应当接受海关检疫；海关查验，须有外交代表或者其授权人员在场。
>
> 海关对携带人的检疫许可证以及其他相关单证进行核查，核查合格的，应当在现场实施检疫。现场检疫合格且无须作进一步实验室检疫、隔离检疫或者其他检疫处理的，可以当场放行。

02 现场检疫 - - - - - - - - - >

> 携带异宠小动物入境需要办理检疫审批手续的，应当事先向海关总署申请办理动植物检疫审批手续，携带人应当取得海关总署签发的《中华人民共和国进境动植物检疫许可证》（以下简称"检疫许可证"）和其他相关单证。
>
> 携带濒危野生动植物及其产品进出境或者携带国家重点保护的野生动植物及其产品出境的，应当在《中华人民共和国濒危野生动植物进出口管理条例》规定的指定口岸进出境，携带人应当取得进出口证明书。海关对进出口证明书电子数据进行系统自动比对验核。

03 处理 - - - - - - - - - >

> 《出入境人员携带物检疫管理办法》第二十二条第二款 携带物与检疫许可证或者其他相关单证不符的，作限期退回或者销毁处理。
>
> （海关应当对依法截留的携带物出具截留凭证，截留期限不超过 7 天。截留的携带物在海关指定的场所封存或者隔离。）
>
> 第二十七条 携带物需要做实验室检疫、隔离检疫的，经海关截留检疫合格的，携带人应当持截留凭证在规定期限内领取，逾期不领取的，作自动放弃处理；截留检疫不合格又无有效处理方法的，作限期退回或者销毁处理。

逾期不领取或者出入境人员书面声明自动放弃的携带物，由海关按照有关规定处理。

第三十条　因应当取得而未取得检疫许可证以及其他相关单证被截留的携带物，携带人应当在截留期限内取得单证，海关对单证核查合格，无需作进一步实验室检疫、隔离检疫或者其他检疫处理的，予以放行；未能取得有效单证的，作限期退回或者销毁处理。

第三十一条　携带物有下列情况之一的，按照有关规定实施除害处理或者卫生处理：

（一）入境动植物、动植物产品和其他检疫物发现有规定病虫害的；

（二）出入境的尸体、骸骨不符合卫生要求的；

（三）出入境的行李和物品来自传染病疫区、被传染病污染或者可能传播传染病的；

（四）其他应当实施除害处理或者卫生处理的。

04　处罚 - - - - - - - - - - ->

《出入境人员携带物检疫管理办法》第三十三条　携带动植物、动植物产品和其他检疫物入境有下列行为之一的，由海关处以5000元以下罚款：

（一）应当向海关申报而未申报的；

（二）申报的动植物、动植物产品和其他检疫物与实际不符的；

（三）未依法办理检疫审批手续的；

（四）未按照检疫审批的规定执行的。

第三十四条　有下列违法行为之一的，由海关处以警告或者100元以上5000元以下罚款：

（一）拒绝接受检疫，拒不接受卫生处理的；

（二）伪造、变造卫生检疫单证的；

（三）瞒报携带禁止进口的微生物、人体组织、生物制品、血液及其制品或者其他可能引起传染病传播的动物和物品的；

（四）未经海关许可，擅自装卸行李的；

（五）承运人对运载的入境中转人员携带物未单独打板或者分舱运载的。

你了解检疫犬吗?

检疫犬属于工作犬的一种。国内常用的工作犬包括军队使用的军犬、武警和公安使用的警犬、海关使用的缉毒犬及搜救组织使用的搜救犬以及盲人使用的导盲犬等,其他还包括猎犬、牧羊犬等。检疫犬与上述工作犬都具有嗅觉灵敏、反应机警,能针对特定目标物发生反应等特点,但检疫犬也有与其他工作犬不同的特点,即机警、不怕噪声,以及对动植物、有害病菌嗅觉灵敏,适合在口岸旅检现场使用。国际上常用的检疫犬有比格、史宾格和拉布拉多三种,其中比格犬应用最为广泛。

检疫犬作为一种新的检疫查验手段,在改善旅检查验方式,防止境外有害生物传入等方面发挥了重要作用。检疫犬的应用可以弥补传统的人工查验和X光机透视检查的不足,通过建立"人—机—犬"查验新模式,有效地减少漏检现象的发生,提高查验的准确率和检出率,防止国外有害生物传入。

雀尾螳螂虾档案

【中 文 名】雀尾螳螂虾（如图 2-10 所示）

【学　　名】*Odontodactylus scyllarus*

【分类地位】动物界，节肢动物门，软甲纲，口足目，齿指虾蛄科，齿指虾蛄属

【分　　布】关岛至东非的印度 - 西太平洋热带海域，包括中国的南海及台湾海域。

【形态特征】雀尾螳螂虾体长最大可达 18 厘米，外表由鲜艳的红、蓝、绿等多种颜色构成。触角鳞片为橘红色，末端外缘黑色，头胸甲前侧缘具有镶白边的黑色及咖啡色蜂巢状纹路，3 对胸足及捕食爪呈红色。

【生物习性】雀尾螳螂虾生活在石礁的岩石缝里面，若有猎物经过，它就会用偷袭的方式袭击猎物，如同守株待兔的掠食者。其领域性强，性格也相当凶残。雀尾螳螂虾是食肉性动物。猎食范围很广泛，包括腹足动物、甲壳类动物和双壳类动物。

【危　　害】发生逃逸会对环境中其他水生动物造成威胁。

【截获记录】暂无。

【扩展阅读】如果把一只雀尾螳螂虾放进一个大鱼缸里，过不了多久，鱼缸里的其他小动物就会被雀尾螳螂虾给吃个精光。在攻击猎物时，它可以在五十分之一秒内将捕肢的前端弹射出去，瞬间由摩擦产生的高温甚至能让周围的水冒出电火花。曾有科学家下海捕捉时戴着手套也被其弄伤了手指，血流不止。将它带回实验室放进量筒里，量筒也被其击碎，其凶猛可见一斑。

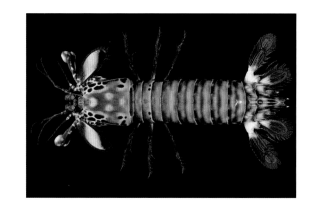

▲ 图 2-10　雀尾螳螂虾（南京海关禹海鑫　供图）

知识巩固 ?

金问号 **1**

你知道坐飞机抵达目的地的时候，什么是国内到达，什么是国际到达吗？这两者有什么不同？

金问号 **2**

读完了本章节的内容，你都能说出哪些物品是禁止从国外带回国内的吗？

金问号 **3**

思考一下，随意将"异宠"携带回国可能会造成哪些危害？可能会面临哪些处罚？

第三章
异宠去哪了？

小明的
伤心事

[金钥匙 1]

1

北纬 31°21′，中国 S 市向阳小区，清晨明媚的阳光透过窗户温柔地洒在了关妞的脸上。睡梦中，关妞身穿波西米亚沙滩休闲套装，骑着一头硕大的大象在海边散步，手里还拿着椰子、芒果、菠萝制作的水果捞。忽然，大象狂奔起来，关妞也跟着剧烈地摇晃起来。"关妞，快起床，要迟到了！"海美丽急忙推醒了睡梦正酣的关妞。

今天是开学的第一天，关妞怀着激动的心情利索地收拾好了自己的东西，跟着爸爸上学去了。教室里，上课前同学们兴奋地相互交谈着，恨不得把攒了一暑假的话全都说出来，关妞更是迫不及待地分享自己在泰国的所见所闻，关妞的同学小明率先和她聊起了他暑假里的故事，"你知道吗，暑假里我养了一只可好玩的小宠物，是松果蜥（如图 3-1 所示），长得简直和一颗松果一模一样，胖嘟嘟的真可爱！"小明边说着，边把打印好的照片

▲ 图 3-1　松果蜥（南宁海关闫正跃　供图）

拿出来给关妞看。"哇——它的个头可真大，舌头还是蓝色的呢！"关妞兴奋地说。"是的呢，这个漂亮的小家伙在家里可乖了，平时走路都是慢悠悠的，最喜欢待在安静的角落里晒太阳。"小明得意地说。"嗯，实在太有趣了，放学后我能去你家看看它吗？"关妞用期待的眼神看着小明。小明沉默了一会，目光黯淡下来，似乎有什么难言之隐，忽然哇地一声哭了起来，"你见不到它了，我把它养死了……"小明用带着哭腔的声音接着说，"它是我爸爸从网上给我买的生日礼物，自从它到家后，我一直对它细心照顾，巴不得24小时都能看到它。不知道它是不喜欢家里的环境还是怎么了一直是无精打采的样子，后来喂它东西也不吃了，想着带去看病，又不知道送到哪里，就这样没撑过一个月，它就四脚朝天了，唉……我真的好伤心啊！"关妞拍拍小明的肩膀，劝慰了一番："别想那些啦，放学后来我家玩儿吧！"小明终于止住了哭声。

"叮铃铃——"上课的铃声响起，同学们开始认真地听起课来。

2

会唱会斗的「蟋蟀」

[金钥匙2]

放学后，小明应邀到关妞家玩，两个人聊起松果蜥，小明又开始伤心起来。关妞劝慰说："最近听邻居大哥哥说他们高年级孩子对猫狗这些宠物不怎么稀罕了，开始比赛养蜥蜴、甲壳虫了，但是这些动物好像对吃的、住的都很挑剔。我记得看过一本书上介绍一种昆虫，叫马达加斯加鸣蠊（如图3-2所示），据说很热门，而且很稀奇，它们既会鸣叫又会打斗，简直就是现代版的'蟋蟀'。"两个人翻箱倒柜，终于把关妞口中那本介绍各种奇特昆虫的书给找出来了，随后他们便坐在沙发上一边津津有味地看着，一边兴奋地讨论着。

时间过得很快，不一会儿，关博和海美丽就下班到家了。关妞跑上前抱着关博说："爸爸，你给我买个礼物好不好，我和小明都很喜欢。"关博好奇地问："好啊，是什么呢？"关妞激动地说："是一种奇特的昆虫，看起来非常酷，会鸣叫还会打架，跟蟋蟀差不多，好像叫马达加斯加鸣蠊。""马达加斯加鸣蠊？"关博皱了皱眉头，开始在网上查找相关信息。过了一会儿，关博严肃地说："马达加斯加鸣蠊是一种大型蜚蠊，就是我们常说的蟑螂，这种昆虫在我们

▲ 图3-2 马达加斯加鸣蠊（南京海关禹海鑫 供图）

[金钥匙3]

国家现在还没有分布。先不说我们从国外买再邮寄回来本身就是一种违法行为，就算是邮寄回来，也不能养，蟑螂本来就很脏，而且还会分泌**黄曲霉毒素**等有毒的化合物，一旦从家里逃逸出去，后果不堪设想。而且，最近我们单位持续从国际邮件中截获到大量的伪装成其他商品的珍奇异宠（蜈蚣、蝎子、蚂蚁、蟑螂等），都被我们没收处理了。"后来，关博又趁着这个机会教育关妞和小明不能因为好奇贪玩去饲养和接触各种不了解的异宠，更不能盲目攀比！

3

植物园里的『优雅草』

吃完饭，关博带着关妞和小明到小区附近的植物园散步。这个植物园是一家集调查、采集、鉴定、引种、驯化、保存和推广利用植物于一体的科研单位，经常会以科研为目的，引进全世界各个地方非常有特色的植物并进行隔离种植。植物园里空气清新，人流稀疏。这里除了种植一些常见的大型树种和多肉植物外，还有很多的观赏草，大都属于莎草科、灯芯草科、天南星科和香蒲科的常见种类。观赏草茎秆姿态优美，叶色丰富多彩，花序五彩缤纷，植株随风飘逸，真是美极了！

▲ 图3-3 细茎针茅（黄埔海关左然玲 供图）

逛着逛着，他们走到了一排隔离温室前面。关姐透过玻璃墙看到了一片从没见过的植物，这些植物形态纤细、柔美，植株茂密丛生，叶片狭长如绒毛卷曲于叶鞘内，弯曲呈弧形似喷泉状，圆锥花序形，具毛状分枝，柔软下垂，形态美丽。关姐被深深地吸引住了，忍不住叫上小明一起趴在玻璃墙上仔细端详。关博看到温室门口挂的牌子，陷入了沉思。

[金钥匙 4]

"爸爸，你在想什么？"关姐回过头来好奇地问。"这个嘛，我想到了一些专业上的问题。这种植物叫细茎针茅（如图 3-3 所示），也称墨西哥羽毛草，应该是最近几年作为观赏草引入的。银白色的花序可作为紫色植株中的调和剂，因其形态柔美，可起到坡地柔化、通道修饰的作用，可作为背景草、盆栽种植。"关博说。"那不是挺好的吗？"关姐疑惑地问，"那您还在还想什么，快过来一起看看呀！"关博笑了笑说："这种植物还有个好听的名字，叫优雅草，因其优美、精致、质地细腻而得名。它可以长成茂密的一丛，形似喷泉。之前，它也曾被引入澳大利亚，受到人们的喜爱，因而销售量猛增，但很快人们发现这

[金钥匙 5]

种草结实量特别大，传播方式多样，且适生范围较广，逃逸到自然界后，形成了大片的单一植物群落，侵占了当地优质牧草大量的生存空间，破坏了当地的生物多样性。除此之外，这种草的种子带芒，容易粘在食草动物的鼻子、嘴唇和眼睛里，可能对牲畜造成伤害。由于纤维含量高、营养价值低，被山羊、绵羊、牛取食后，会在它们的胃中形成难以消化的草球，直接影响牲畜的健康。有一些国家已经将它列为入侵性杂草，禁止引入、种植和销售。""这样啊！"关姐若有所思地说，"那就告诉植物园，不要种植了吧！"关博点点头，笑着说："植物园应该是做科研用的，肯定是通过了正规的申请审批流程才能在这

[金钥匙 6]

里种植。而且种在规范的隔离检疫圃里，基本没有逃逸的风险。"关姐和小明听完后轻轻地舒了口气，悬着的心终于可以放下了。

4 神奇动物在哪里？

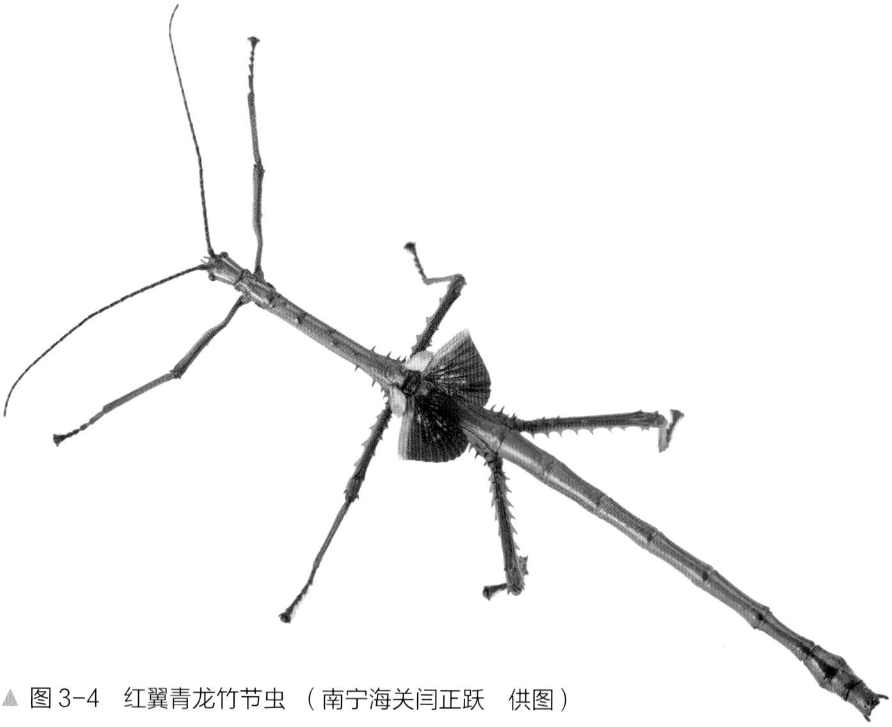

▲ 图 3-4　红翼青龙竹节虫（南宁海关闫正跃　供图）

很快到了周末，关博决定带关妞和小明一起去参观海关驻邮局办事处和海关实验室。小车一路飞奔，很快就到了 S 海关驻邮局办事处。一下车，两个小朋友就被眼前的海关办公大楼震撼到了，又看到身穿海关制服的叔叔阿姨不时进出大楼，两个人眼睛都亮了。

三人乘坐电梯来到实验室楼层，关博的同事小美正等候在电梯间，友好地和他们打招呼。小美先带领他们参观昆虫饲养室，饲养室的养虫笼里正养着一只“神奇”的昆虫，它全身青绿色，身体像竹子一样一截一截的，两边还有像扇子一样的红色翅膀，确实好看。小美介绍说：“这是**红翼青龙竹节虫**（如图 3-4 所示），好看吧？它是前段时间从来自非洲马达加斯加的一个国际邮包里截获的，当时它还是一个虫卵，被装在一个指形管里，夹藏在一件旧夹克衫的口袋里。”小美顿了顿，接着说：“随后，这个虫卵就被送到实验室里进行培育，经过 3 个多月的培育饲养，它终于长成了成虫。根据形态特征，我们鉴定出它就是红翼青龙竹节虫，这种竹节虫的原产地是马达加斯加，寿命只有 6 个月左右，因为长相奇特鲜艳，很多人拿它当宠物养。”

［金钥匙 7］

"接下来，我就要将它做成标本，放入这边展览室里。"小美一边说，一边带领大家来到了标本展览室（如图 3-5 所示）。一到展览室，关妞和小明的目光就被各种各样的标本深深吸引住了。

[金钥匙 8]

　　"阿姨，这个蚂蚁好大呀，看起来真凶猛！"关妞指着一个标本盒里陈列的蚂蚁标本好奇地说。"对的，它是**野蛮收获蚁**，生性凶猛，是从一个国外邮寄来的玻璃瓶里截获的。当时瓶子里装满泥土，我们把土倒出来，一个个把它们都挑出来，可是忙了好一阵儿呢。"小美回忆起那天的场景，不禁皱了皱眉头。"阿姨，虫子挑出来了，那怎么才能知道它们就是野蛮收获蚁呢？毕竟大蚂蚁到处都有呢。"关妞用好奇的眼神看着小美询问。"这个嘛，请跟我来。"小美说着，领着大家来到了展览室隔壁的实验室。"这个就是

[金钥匙 9]

体式解剖镜（如图 3-6 所示），我们拿到蚂蚁后，先用酒精浸泡把它们都杀死，然后放到解剖镜下仔细观察它们的形态特征，比如触角、腹柄节、唇基、复眼、前胸背板等关键部位（蚂蚁身体结构示意图，如图 3-7 所示），再结合昆虫分类的专业知识，基本就能把它们的种类鉴定出来了。有必要的话，我们还会将它们做成标本长期保存！"

▲ 图 3-5　海关标本展览室　（南京海关禹海鑫　供图）

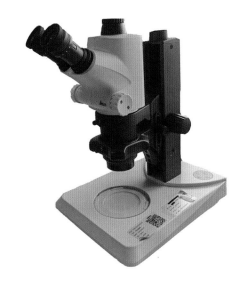

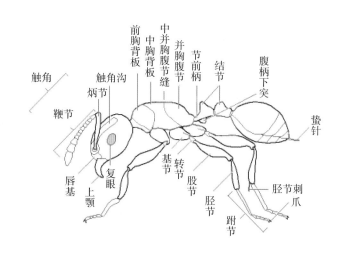

▲ 图 3-6　体式解剖镜

（南宁海关闫正跃　供图）

▲ 图 3-7　蚂蚁身体结构示意图

（南京海关禹海鑫　供图）

[金钥匙 10]

[金钥匙 11]

关妞听着，不禁瞪大了眼睛，脑袋里还有许多个问题需要小美阿姨继续解答。小美继续说："其实，大部分收获蚁都生活在较为干旱的草原，或者食物紧缺的地区，它们之所以被叫作收获蚁，主要是这些蚂蚁会收集和储备植物种子，以备不时之需。它们在原产地——欧洲南部地区及非洲北部地区，都是最主要的蚂蚁种群，而且单个蚁群可以达到很大的规模。有意思的是，野蛮收获蚁是非常出色的掠夺者，它们善于集体作战，会把其他蚂蚁的食物抢夺走，这可能是它们被冠以'野蛮'称号的另外一个原因。我国目前还没有这种蚂蚁分布，一旦入侵进来，很容易建立**种群**，对当地的生态系统产生巨大威胁。"关妞认真地点了点头，又指着旁边的一台像电饭煲一样的仪器问："小美阿姨，这是什么啊？是用来煮虫子的电饭煲吗？"小美看了看，笑着答道："这是 PCR **仪**（如图 3-8 所示），是利用生物的 DNA 来鉴定其种类的仪器，有时候我们通过形态实在鉴定不出来，或者截获的虫体不完整、幼虫虫态等鉴定特征不明显时，我们就用这台仪器鉴定种类。""哇，好厉害，真神奇啊！"关妞观察着 PCR 仪不禁发出感叹。

这时，忽然听到小明在展览室那边惊呼："好大的蛇啊，真可

金钥匙 12

金钥匙 13

怕!"大家听到声音后连忙来到展览室。"这是**红尾蚺**,是前几天从墨西哥寄来的邮包里发现的,当时还是活着的。"小美指着泡在**福尔马林溶液**里的蛇标本淡定地说。"天啊,居然还有人邮寄这么大条蛇的,实在太吓人了!"小明惊讶地张大了嘴巴。"别看它这么大,颜色这么鲜艳,其实它是没有毒性的,它主要分布于中美洲、南美洲,以及加勒比海附近的一些岛屿上,以爬行动物、哺乳动物和鸟类为食。这种蛇寿命较长,能活二三十年,据说已经成为很多异宠爱好者的饲养对象。"关妞听着小美的介绍,看着这个庞然大物不禁打了个寒战,心想:还有人养这么可怕的动物,太不可思议了!

金钥匙 14

金钥匙 15

标本展览室里摆放着各种大大小小的**针插昆虫标本**(如图3-9所示),以及各种各样的**浸制标本**,关妞和小明目不暇接地看着……

关博跟在后面,面带微笑看着两个孩子好奇地东瞅瞅西看看。"现在好多人都在养异宠,咱们这边从国际邮件里截获的异宠也有不少种类吧?"关博边参观边和小美聊天。"对的,种类还挺多的,包括一些大甲虫、大蜈蚣、大蚂蚁等,或者一些小型哺乳动物,如雪狐、赤狐、雪貂等。还有水族类动物,比如海星、海葵、海螺、虾等。各种动物都有,不得不说异宠

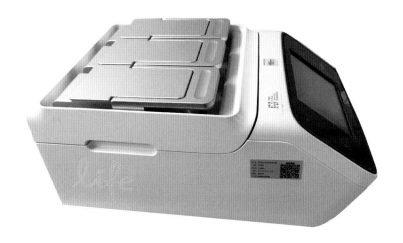

▲ 图3-8　PCR仪 (南宁海关闫正跃 供图)

饲养者们真是好奇心旺盛啊！"小美无奈地摊了摊手。"对了小美阿姨，原来有这么多奇奇怪怪的物品邮来邮去啊，要是有陌生人给我寄这些莫名其妙的东西，我该怎么处理呀？"小明边问边挠头。"我给你们讲个美国炭疽攻击事件吧。"小美回答道，"2001年秋天，美国发生了为期数周的生物恐怖袭击事件，有人把含有**炭疽杆菌**的信件寄给一些人，导致其中 5 人死亡，17 人被感染。其实，很多国外邮件寄来的不明异宠的危害性不亚于炭疽杆菌，比如前阵子你爸爸告诉我你们想买的马达加斯加鸣蠊就会分泌高致癌物——黄曲霉毒素，同时还会传播伤寒、痢疾、结核病、急性肝炎等各种病菌，是个隐藏的大毒源。此外，它们的生命力可是很顽强的。你说这样的异宠要是被邮寄进来，不但可能危害收件人的身体健康，一不小心还会对生态环境造成不可估量的影响。大家要记住，千万不要从国外网购异宠，更不要打开任何来路不明的邮件邮包，如果万一收到了国外寄来的不明生物，一定要联系我们紧急处理。"

　　时间过得飞快，离开的时间到了，小美送给关妞和小明一人一个印有"防范生物入侵　保护美丽家园"的小背包，并嘱咐他们回到学校一定要向老师和同学们多多宣传。

金钥匙 16

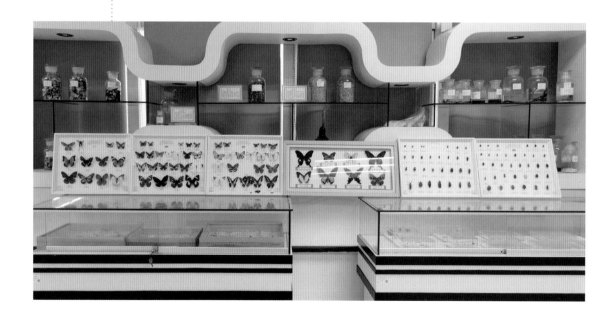

▲ 图 3-9　实验室里的昆虫标本　（南京海关禹海鑫　供图）

5 关博的生日礼物

"活石头"——龟甲牡丹

关博的生日就快要到了，海美丽和关妞商量着给他准备个生日礼物，既不能太俗套，也不能太贵。两个人趁关博不在家，一起上网冲浪海淘，经过多番比较，终于选中一款在美国亚马逊网站上售卖的叫龟甲牡丹的新奇植物，这种貌似"石头"的多肉植物外形奇特美丽，纹理看起来像乌龟的龟甲，顶部会开出粉红色的花，别有一番"异趣"，两个人一阵窃喜，果断地下了订单，悄悄地等待即将到来的惊喜。

这一天，关博下班回到家里，兴致勃勃地讲起了当天截获的新物种，让关妞和海美丽一起猜猜看。关妞答题最活跃了，活蚂蚁、大兜虫、蜘蛛……一连串的回答脱口而出，关博连连摇头，鼓励两人继续猜。海美丽猜的是爬行动物、两栖动物。关博又摇了摇头。母女俩先后猜了十几种动物，关博仍是摇头。正在关妞和海美丽一筹莫展之际，关博扶了扶下眼镜，兴奋地说出了答案："这是一种植物！是植物界的'大熊猫'，'活的石头'——龟甲牡丹（如图3-10所示）!"海美丽一听到这个名字，一刹那心慌起来，赶紧上网查阅网购流程，幸好还没发货！庆幸之余，海美丽向关博和盘托出了这两天她和

▲ 图3-10 龟甲牡丹

（南宁海关闫正跃 供图）

金钥匙 17

关妞之间深藏的小秘密，关博非常惊讶，没想到自己身边的人也有购买异宠的行为。他陷入了沉思，猎奇心每个人都有，现在网络海淘购买异宠又是那么的方便快捷，要让每个人都培养出不购买饲养来历不明的异宠的意识，看来还有很多工作要做，国门生物安全科普工作依然任重道远。

初识"黄莺花"

关博生日当天，一大早海美丽就拉着关博和关妞赶去花市，说要亲手挑一束最美的鲜花送给关博做生日礼物。花卉市场热闹非凡，一家三口开心地左看看右看看，眼睛似乎被这些美丽的花卉俘获了。花市里不仅有菊花、月季、香石竹、唐菖蒲、非洲菊这些有名的鲜切花，还有满天星、马蹄莲、勿忘我、花烛、蝴蝶兰等常见的种类，更有代表着纯洁和高贵的百合，寓意着爱的承诺和感谢的粉红色香石竹（别名康乃馨），象征着希望和新的开始的郁金香等，各种花卉争奇斗艳，美不胜收！

他们来到一家店铺，店员正熟练地帮客人们包装鲜花。宽大的花架上摆满了百合、玫瑰、蓝色妖姬等各种鲜花，由客人自由地挑选和搭配。海美丽仔细挑选了几种鲜花，有百合、玫瑰、香石竹等，搭配在一起整体感觉还不错，但还是感觉色彩上少了点什么。这时店员走过来，热情地说："女士，你的搭配很好啊，但是整体上有点过于艳丽，少了点儿内敛的感觉，如果加上黄莺花，既可以提升整体的观赏度，也会让整束花的色彩柔美起来。""黄莺花？这个名字听起来挺有意思的。"海美丽连忙说，"好啊，那黄莺花象征什么啊？"店员回答道："黄莺花的花语是美好的开始，适宜用于表白的场景，它是常见的配花花材，能够和很多种花进行搭配，代表着美好的爱情。你看，你搭配的花里有寓意着长久的友谊和真挚感情的石竹，那搭配上黄莺花后，就寓意着天长地久的爱情。"海美丽觉得店员的话很有道理，不停地点头，"那拿来搭配看看吧。"店员拿来了一袋包装好的黄莺鲜切花，这种花是嫩黄色的，花朵不大，但一串串、一簇簇的，看起来赏心悦目。把所有的花搭配在一起后，整体看起来柔美安静且显得生机盎然，海美丽越看越喜欢，忍不住喊关博和关妞过来一起欣赏。

关博看了非常开心，但总觉得哪里不对劲，觉得这个黄莺花，跟外来入侵杂草——加拿大一枝黄花十分相似。加拿大一枝黄花最初在我们国家一些植物园引种，后逃逸出来，成为杂草，现在已在国内不少地方造成了严重危害。

金钥匙 19

海美丽发现关博脸色不对，心想，难道是我搭配的不好或者是太贵了？她正想问，却听到关博对店员说："你好，这个黄莺花我们不要了，它其实是一种外来入侵生物，叫作加拿大一枝黄花（如图3-11所示），繁殖力强，危害极大，建议你们也不要再卖了。"店员听后很吃惊，没想到店里天天在卖的黄莺花居然是一种危害很大的外来入侵物种，连忙表示一定跟老板反映再也不卖这种花了。等店员把黄莺花更换为满天星后，一家人安心地走出了花店。

异域"美人计"

离开花店后，海美丽有些不高兴，跟在父女俩身后一言不发。关妞好奇地问："爸爸，妈妈选的黄莺花挺好看的，为什么要换掉呢？"关博笑了笑说："你知道这个黄莺花的来历吗？它其实就是加拿大一枝黄花，也是爸爸经常提到的外来入侵物种之一。这种花原本生活在遥远的北美洲，因为花色艳丽受到当地人们的喜爱。1935年，加拿大一枝黄花作为观赏植物被引入我国江苏等地区，起初被栽培在植物园里，不知从何时开始，它逃逸到野外生长，等到人们开始注意到它的时候，已经是漫山遍野了。这种花除了适应能力非常强，还可无性有性结合繁殖，依靠种子和地下根茎传播，传播能力强，不仅生长期长，还具有化感作用，短短几年时间它就能够迅速占领河滩、荒地、铁路和公路两侧、乡村路边、住宅四周、绿化地，然后再进一步入侵果园、农田、牧场等地，彻底变成难以清除的恶性杂草，不仅影响了当地农林牧业的生产，还对生物多样性和生态环境造成了极大破坏。"关博一边说一边从网上找出各种图片给关妞看。海美丽听完疑惑全消，"扑哧"一声笑了："这算不算是加拿大一枝黄花施展的'美人计'啊？"关博哈哈大笑起来，"嗯，算是吧。所以不管养什么动植物，都不要只看一时美，要看得长远些，不然很容易被异域'美人计'蒙蔽呢！"等回到家，关妞在爸爸的帮助下，详细查阅了加拿大一枝黄花的图片及危害现状，思路逐渐清晰了起来，看来这次逛鲜花市场是颇有收获的，既欣赏了美丽的花卉，又掌握了不少知识。关妞郑重地对爸爸说："到学校，我一定要告诉同学们关于加拿大一枝黄花的知识，让他们不要主动触碰，更不要传播，如果遇到成片的这种花，要联系当地农业农村局等相关部门及时铲除。"

▲ 图 3-11　加拿大一枝黄花（黄埔海关左然玲　供图）

松果蜥档案

【**中 文 名**】松果蜥（如图 3-12 所示）

【**学　　名**】*Trachydosaurus rugosus*

【**分类地位**】动物界，脊索动物门，爬行纲，蜥蜴目，石龙子科，粗疣石子龙属

【**分　　布**】澳大利亚东部、北部

【**形态特征**】体长 30 厘米，具有体鳞大而不硬以及短尾等特征。舌头呈蓝色。

【**生物习性**】栖息于森林、沙漠或草原等各种的环境，具有地栖性，昼行性。以昆虫、动物尸体、植物的花或果实为食。

▲ 图 3-12　松果蜥（南京海关禹海鑫　供图）

马达加斯加鸣蠊档案

【中 文 名】马达加斯加鸣蠊（如图3-13所示）

【学　　名】*Gromphadorhina portentosa*

【分类地位】动物界，节肢动物门，昆虫纲，蜚蠊目，匍蜚蠊科，发声蠊属

【分　　布】马达加斯加岛

【形态特征】体长5厘米~8厘米，且无论雌雄都无翅。

【生物习性】生命力顽强，适应能力强，存活期为2~5年。在繁殖期，雄性会发出声音吸引雌性的注意力。

【截获记录】近年来，成都海关、上海海关等多次在邮检包裹中截获。

【扩展阅读】据海关检疫专家研究，马达加斯加鸣蠊会携带强致癌物——黄曲霉毒素，可能会会污染洁具、食品等，危害很大因其会发声、格斗的习性，加上体色有多种颜色，更能引起人们的好奇心，所以在国外有不少爱好者或饲养者。

▲ 图3-13　马达加斯加鸣蠊（南京海关禹海鑫　供图）

什么是黄曲霉毒素？它有什么危害？

黄曲霉毒素（Aflatoxin，即 AF）最早被发现于 20 世纪 60 年代，是黄曲霉（Aspergillus flavus）和寄生曲霉（Aspergillus parasiticus）的次级代谢产物。[7]

黄曲霉毒素及其产生菌在自然界中分布广泛，以土壤和粮食作物如玉米、花生和棉籽等中最常见，加工产品、干鲜果品、调味品也常可见受其污染。自黄曲霉毒素首次发现以来，其对生物机体细胞毒性作用已经得到证实。人类急性摄入大剂量的黄曲霉毒素后可导致肝实质细胞坏死、急性肝炎等病变，严重中毒可导致死亡。这些年，随着大量流行病学调查发现，长期慢性摄入小剂量黄曲霉毒素可以导致癌症发生。早在 1993 年，世界卫生组织（WHO）国际癌症研究机构（International Agency for Research on Cancer，IARC）就将黄曲霉毒素列入天然存在致癌物目录。2002 年，黄曲霉毒素被划定为一类致癌物。

细茎针茅档案

【中　文　名】细茎针茅（如图 3-14 所示）

【学　　　名】*Stipa tenuissima*

【分类地位】植物界，被子植物门，木兰纲，禾本目，禾本科，侧针茅属

【分　　　布】原产于阿根廷、智利、美国

【形态特征】细茎针茅植株常形成非常致密的一簇，高 70 厘米，一簇直径可达 60～100 厘米，具大量细小的叶片。

▲ 图 3-14　细茎针茅（黄埔海关左然玲　供图）

【**生物习性**】主要出现在农业区、天然林区、受干扰地区、牧区（尤其是过度放牧区）等生境。晚春开花，花期持久，花成熟后变成金黄色，夏天到秋天之间会开银白色的花序，秋季禾秆颜色变淡。

【**截获记录**】无

【**扩展阅读**】细茎针茅适生性强，耐旱耐寒，结实量大，传播途径多样。

金钥匙 5

什么是植物群落？

植物群落是指生活在一定区域内所有植物的集合，它是每个植物个体通过互惠、竞争等相互作用而形成的一个巧妙组合，是适应其共同生存环境的结果。在人类文明的进程中，它提供了人类赖以生存的主要物质资源，维系着地球生态系统的健康和功能，也为各种动物和其他生物提供食物来源和栖息地，是人类生存和发展不可或缺的物质基础，具有不可替代的作用[1]。我国植物群落类型多样，常见的有森林植物群落、灌丛和草地植物群落、水生植物群落等。本书中涉及的细茎针茅，如果逃逸到自然界中定殖扩散成功，也能形成大片单一植物群落——细茎针茅群落。

金钥匙 6

什么是隔离检疫圃？

隔离检疫圃是经过专业设计，具备相应隔离设备和专门设施，并由检疫行政部门设立或许可，按照规定程序操作，专门承担引进植物繁殖材料隔离种植、隔离检疫任务的植物隔离圃。隔离检疫圃一般由大田、网室、玻璃温室、实验室等一个或几个设施构成，一般所用设施根据植物种类及其可能携带的检疫性有害生物种类决定，待隔离结束后，未检出检疫性有害生物的植物，才能从隔离检疫圃放行，检出检疫性有害生物的植物，应按相关规定进行处理。销毁方式应确保无有害生物逃逸，如化学销毁、焚化、高压蒸汽灭菌等[2]。中国科学院华南植物园就建有世界一流的隔离检疫圃，并已投入使用。

红翼青龙竹节虫档案

【**中 文 名**】红翼青龙竹节虫（如图 3-15 所示）

【**学   名**】*Achrioptera fallax*

【**分类地位**】动物界，节肢动物门，昆虫纲，竹节虫目，竹节虫科，*Achrioptera* 属

【**分   布**】原产于非洲马达加斯加

【**形态特征**】形似螳螂。雄性体蓝色，内翅红色，颜色极为鲜艳。雌性则是棕灰色的，颜色黯淡且体形庞大。

【**生物习性**】生活在雨林中，大多栖息于树上。主要以树莓、芭乐叶等为食，无毒，寿命为 6 个月左右。平时不会轻易露出鲜艳的翅膀，在受到惊吓后才会张开翅膀来威吓敌人。

【**截获记录**】无

【**扩展阅读**】红翼青龙竹节虫可以孤雌繁殖，即没有雄性，雌性照样可以繁殖，只不过这样生出来的后代是土黄色的，比较难看，与雄性交配后生出的后代则很漂亮。

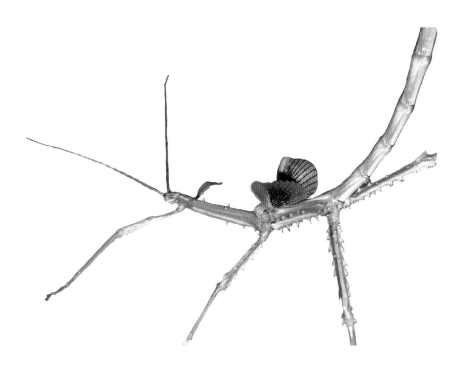

▲ 图 3-15　红翼青龙竹节虫　（南宁海关闫正跃　供图）

野蛮收获蚁档案

【中 文 名】野蛮收获蚁（如图 3-16 所示）

【学　　名】*Messor barbarus*

【分类地位】动物界，节肢动物门，昆虫纲，膜翅目，蚁科，收获蚁属

【分　　布】欧洲南部、非洲北部

【形态特征】野蛮收获蚁是多态性的，这个物种的工蚁有着不同的体形。工蚁体长一般为
　　　　　　4~12 毫米，中小体形工蚁体色为红褐色；大体形工蚁（即兵蚁）体长可达
　　　　　　12 毫米，体色呈红褐色，头部较大、呈明显红色，上颚发达。蚁后体长约 13
　　　　　　毫米，体色为深褐色或黑色，体形比工蚁明显粗大，胸部更为发达。

【生物习性】该蚁具有收集植物种子作为储备食物的习性，并因此得名。

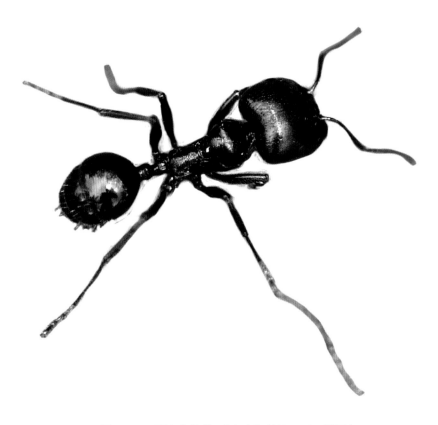

▲ 图 3-16　野蛮收获蚁 （南宁海关闫正跃　供图）

【截获记录】2023 年 2 月，南京海关在进境邮件中截获；2022 年 8 月，上海海关等在进境邮件中截获等。

【扩展阅读】中国境内没有分布野蛮收获蚁，但大量分布有与其同属的针毛收获蚁（*Messor aciculatus Smith*），工蚁体长 5.4 ~ 5.6 毫米，体黑色，上颚、触角鞭节、足红褐色，后腹部带褐色。身体具较丰富的白色毛，呈针状。该物种的婚飞通常发生在春季，即 3 月下旬至 6 月之间。

金钥匙 9

什么是体式解剖镜？它有什么用途？

体式解剖镜，亦称实体显微镜，是从不同角度观察物体，使双眼产生立体感觉的双目显微镜（如图 3–17 所示）。对观察体无须加工制作，直接放入镜头下配合照明即可观察，像是直立的，便于操作和解剖。视场直径大，但观察物要求放大倍率在 200 倍以下。体式解剖镜的特点是双目镜筒中的左右两光束不是平行的，而是具有一定的夹角——体视角一般为 12° ~ 15°，因此成像具有三维立体感，这是在目镜下方的棱镜把像倒转过来的缘故。虽然放大率不如常规显微镜，但其工作距离很长，焦深大，便于观察被检物体的全层。[8]

体式解剖镜操作简单，用途也非常广泛，应用于纺织制品、化工化学、塑料制品、电子制造、机械制造、医药制造、食品加工、印刷业、考古研究等众多领域。其主要用途如下：

（1）动物学、植物学、昆虫学、组织学、矿物学、考古学、地质学和皮肤病学等的研究。

（2）在纺织工业中，用于原料及棉毛织物的检验。

（3）在电子工业中，作为晶体管点焊、检查等操作工具。

（4）各种材料的裂缝构成、气孔形状腐蚀情况等表面现象的检查。

（5）在制造小型精密零件时，用于机床工具的装置、工作过程的观察、精密零件的检查以及装配工具。

（6）透镜、棱镜或其他透明物质的表面质量以及精密刻度的质量检查。

（7）用作文书、钱币的真假判辨。

▲ 图 3-17　体式解剖镜 （南京海关禹海鑫　供图）

金钥匙　10

什么是种群？

　　种群（Population）指在一定时间内占据一定空间的同种生物的所有个体。种群中的个体并不是机械地集合在一起，而是彼此可以交配，并通过繁殖将各自的基因传给后代。[9]

　　种群具有与组成种群的个体相类似的生物学属性，如在个体水平上的出生、死亡、寿命、性别、年龄、基因型、繁殖等属性，在种群水平上也有相似的统计指标，如出生率、死亡率、平均寿命、性比、年龄组配、基因频率、繁殖率等。此外，种群还具备个体所不具备的特征，如密度、数量动态、种群空间分布型等。本书中也涉及多个种群，如斯蒂芬岛异鹩种群、红耳彩龟种群、绿鬣蜥种群、蚂蚁种群等。

什么是 PCR 仪？它有什么用途？

PCR 仪，即基因扩增仪，是通过 PCR（聚合酶链式反应）技术对特定 DNA 进行扩增的仪器（如图 3-18 所示）。[10] 当所采集到的样品含量太低，无法正常地用仪器进行检测分析时，需要通过 PCR 仪，运用 PCR 技术来实现样品扩增，扩增的倍数是 2 的 N 次方。这项技术，可以用于分子生物学研究中的核酸定量分析、基因表达差异分析等。在医学研究领域，可用于产前诊断、病原体检测等方面。

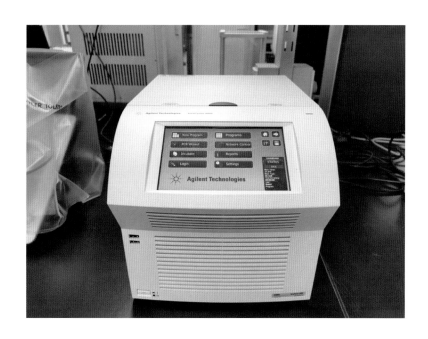

▲ 图 3-18　PCR 仪 （南京海关禹海鑫　供图）

红尾蚺档案

【中 文 名】红尾蚺（如图 3-19 所示）

【学　　名】*Boa constrictor*

▲ 图 3-19　红尾蚺 （南宁海关闫正跃　供图）

【分类地位】动物界，脊索动物门，爬行纲，有鳞目，蚺科，蚺属

【分　　布】墨西哥北部、中美洲、南美洲，以及加勒比海地区

【形态特征】红尾蚺体长 1.8～3 米；重量 10～15 千克。雌性较大。体色方面，红尾蚺身体多以红色或棕色为基调，尾部则呈砖红色。背部以褐黄色的斑纹为主，尾部的斑纹较浅。

【生物习性】它们能适应多种生态环境，从雨林至荒漠地区均能生存。红尾蚺幼蛇会攀爬于林木或矮树之间，但当它们逐渐成长，随着体重增加，会改为以地面行动为主。红尾蚺的捕猎对象众多，包括多种哺乳动物及鸟类，当中尤以鼠类为主。

【截获记录】2015 年上海海关截获 7 条活体红尾蚺。

金钥匙　13

什么是福尔马林溶液？它有什么用途？

福尔马林溶液是甲醛（CH_2O）的水溶液，无色透明，具有腐蚀性，且因内含的甲醛挥发性很强，开瓶后会立即散发出强烈的刺鼻味道。[11]

福尔马林的使用范围相当广泛，因甲醛能与蛋白质的氨基结合，使蛋白质凝固，因此在医药上可作为检验时的组织固定剂以及防腐剂等。在浓度与剂量足够时，此特性对大部分微生物都具有破坏能力，因此也常作为一种消毒剂。

昆虫标本是怎样制作的？什么是针插昆虫标本？

昆虫标本的制作方法主要有两种，即针插和浸制。一般多采用针插法制作标本，插针开始时，先将要制作的虫体放在刺虫台或桌缝上，再根据该种昆虫的尺寸选用合适的号针，昆虫针插前翅基部背中线稍右部位，半翅目昆虫插前胸中央或小盾板中线偏右方，其他昆虫插中胸中央。完成针插后的昆虫，还须根据该种昆虫最适当的姿势，对针插后的昆虫作局部调整，如翅膀的位置、虫足的弯曲度、触角的伸长方向等逐项加以调整，使其姿态美观。当插针和整理姿势完成之后，下一步就可将昆虫放置到安全、通风处干燥一段时间，这个阶段一般需要 1~2 周。最后一道程序就是在制成的昆虫标本上加放适量的防蛀防霉药剂，然后插上标签。若标本的数量较多，则需分门别类将标本置入标本盒内（如图 3-20 所示），再将标本盒置于避光的干燥处保存。[3]

▲ 图 3-20　置于标本盒内的昆虫标本 （南京海关禹海鑫　供图）

什么是浸制标本？

浸制标本（如图 3-21 所示）是指浸制保存在化学药品配制溶液里的标本，以防止标本发生物理、化学性质的变化，便于长期保存。一般整体材料、解剖材料、局部构造或器官都可以制作成浸制标本。[12]

常见的浸制标本有植物浸制标本、昆虫浸制标本、动物浸制标本、人体器官浸制标本等。本书中提到的海关标本展览室中一般都保存有植物浸制标本、昆虫浸制标本和动物或动物器官浸制标本等。

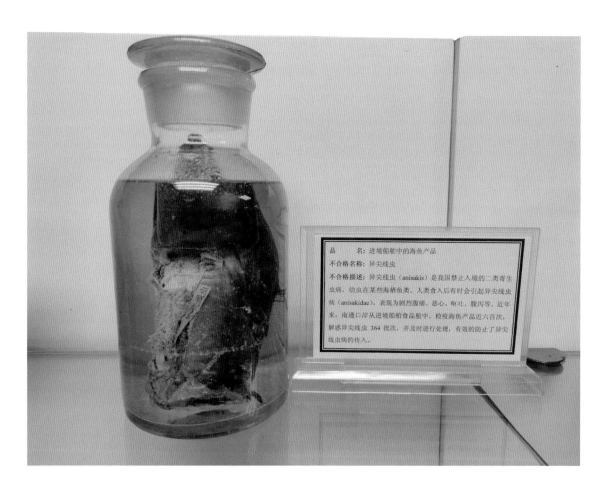

▲ 图 3-21　浸制标本　（南京海关禹海鑫　供图）

什么是炭疽杆菌?

炭疽杆菌属于需氧芽孢杆菌属,能引起羊、牛、马等动物及人类的炭疽病。炭疽杆菌的自然宿主包括草食性野生动物(象、鹿、羚羊等)和家畜(牛、羊、马、驴和骆驼等)。人类自然感染主要是因为接触被污染的动物尸体和皮毛,接触被感染动物污染的土壤,或食用加热不充分的病畜肉导致肠炭疽或吸入带有芽孢的尘埃引起肺炭疽。[13]

炭疽的典型临床症状分为以下几类:皮肤炭疽病变多见于手、上肢、颈和肩等裸露部位,症状多为皮肤出现不明原因的丘疹或红斑,然后出现水疱,继而中央坏死形成溃疡性黑色焦痂,及时治疗病死率小于 1%;肠炭疽可表现为急性肠炎型或急腹症型。急性肠炎型发病时可出现恶心呕吐、腹痛、腹泻。急腹症型患者全身中毒症状严重,持续性呕吐及腹泻,排血水样便,腹胀、腹痛,常并发败血症和感染性休克。如不及时治疗,常可导致死亡;肺炭疽起初为"流感样"症状,表现为低烧,疲乏,全身不适,肌痛,咳嗽,通常持续 48 小时左右。然后突然发展成一种急性病症,出现呼吸窘迫、气急喘鸣、咳嗽、紫绀、咯血等。可迅速出现昏迷和死亡,死亡率达 90% 以上。预防炭疽病最重要的一点就是不接触传染源,在此提示广大读者不要从国外网购异宠,更不要打开任何来路不明的邮件邮包。

龟甲牡丹档案

【中 文 名】龟甲牡丹(如图 3-22 所示)

【学　　名】*Ariocarpus fissuratus*

【分类地位】植物界,被子植物门,木兰纲,石竹目,仙人掌科,岩牡丹属

【分　　布】美国得克萨斯州、墨西哥

【形态特征】外形奇特,享有"植物中的大熊猫"的美誉,又有"有生命的岩石"之称[4]
　　　　　　(生物拟态)。

【生物习性】龟甲牡丹因其外形小巧可爱、花朵清丽、生长异常缓慢，近年来受到广大异宠爱好者追捧，但由于其原生地大肆过度采集，野生种群数量急速下降，生态环境遭受破坏，部分野生种群濒临灭绝。

【截获记录】近年来，广州、南宁、拱北海关等多次在邮检中截获。

【扩展阅读】它是被列入《濒危野生动植物种国际贸易公约》附录I的珍稀濒危物种。此外，包括龟甲牡丹在内的仙人掌科多个属种都被列入《濒危野生动植物种国际贸易公约》[5]。同时，《中华人民共和国禁止携带、寄递进境的动植物及其产品和其他检疫物名录》中明确规定，禁止邮寄、携带种子、种苗及其他具有繁殖能力的植物、植物产品及材料进境。

▲ 图3-22　龟甲牡丹　（南宁海关闫正跃　供图）

金钥匙　18

收到邮寄的异宠该如何处理？向什么部门举报？

收到邮寄的异宠后，先将动物妥善安置，以防破坏环境，同时应主动与当地林业主管部门联系，也可拨打110报警。若是非法引进、释放、丢弃外来入侵物种，将会受到法律的制裁。

加拿大一枝黄花档案

【中 文 名】加拿大一枝黄花（如图3-23所示）

【学　　名】*Solidago canadensis* L.

【分类地位】植物界，被子植物门，双子叶
　　　　　　植物纲，桔梗目，菊科，一枝
　　　　　　黄花属

【分　　布】美国，加拿大，墨西哥

【形态特征】有长根状茎，茎直立，高达2.5
　　　　　　米。叶披针形或线状披针形。
　　　　　　头状花序很小，在花序分枝上
　　　　　　单面着生，形成开展的圆锥
　　　　　　花序。

【生物习性】从山坡林地到沼泽地带均可生
　　　　　　长，常见于城乡荒地、住宅旁、
　　　　　　废弃地、厂区、山坡、河坡、免
　　　　　　耕地、公路边、铁路沿线、农田
　　　　　　边、绿化地带等。喜阳不耐阴，

▲ 图3-23　加拿大一枝黄花

（黄埔海关左然玲　供图）

耐旱，耐较贫瘠的土壤。种子每年3月份开始萌发，4月到9月为营养生长
期，7月初植株通常高达1米以上，10月中下旬开花，11月底至12月中旬
果实成熟，一株植株可结出2万多粒种子。

【截获记录】暂无。

【扩展阅读】加拿大一枝黄花的结实量大，具有非常强的营养繁殖能力，一段茎都可繁育
　　　　　　成新的植株。它有耐水淹、酸雨和遮阴等特性且具化感作用，可通过改变土
　　　　　　壤微环境、微生物环境、土壤生物群落、传粉昆虫习性等对周围植物生长产
　　　　　　生抑制作用，易于形成单优种群落[6]，从而使邻近相似生境中的其他植物种
　　　　　　类难以生长。

金问号 1

植物没有脚不能到处跑，但那些入侵植物是怎么到我们国家的呢？

金问号 2

你知道周围有哪些外来入侵生物危害的例子？

金问号 3

如果国外的亲戚朋友要给你买礼物，以下哪些物品是不可以直接邮寄给你的？
试着圈出来吧。（多选题）

A. 烤乳猪　　　　　B. 郁金香　　　　　　C. 活体南洋大兜虫

D. 风景明信片　　　E. 有干花装饰的明信片　F. 燕窝

G. 鱼子酱　　　　　H. 昆虫标本　　　　　I. 纯金纪念币

J. 一箱奶酪　　　　K. 蛋黄酱　　　　　　L. 无毛猫

参考文献

［1］方精云，朱江玲，郭兆迪，等.植物群落清查的主要内容、方法和技术规范［J］.生物多样性，2009，（6）：16.

［2］GB/ T36814-2018.进境植物隔离检疫圃的设计和操作［S］.北京：中国标准出版社，2018.

［3］刘夫忠，宁凤.昆虫标本的制作［J］.儿童大世界（下半月），2016，（7）.

［4］苗淼.花非花 石非石［J］.绿色天府，2016，（2）：2.

［5］廖延雄.炭疽邮件—发生于美国的恐怖主义事件［J］.畜牧与兽医，2003，（7）.

［6］梁秋菊.入侵植物加拿大一枝黄花根系代谢物调控土壤微生物结构驱动其成功入侵的机理研究［D］.江苏大学，2023.

［7］Pett.，RE，黎德临.花生黄霉病和黄曲霉毒素［J］.中国油料，1989（2）：3.

［8］钟小英.体视显微镜：CN200820114985.0［P］.CN201218868Y，2023-07-28.

［9］徐汝梅.昆虫种群生态学［M］.北京师范大学出版社，1987.

［10］张文超.聚合酶链反应（PCR）技术与基因扩增分析仪器（PCR仪）［J］.生命科学仪器，2005，3（3）：13-19.

［11］杨玮云.福尔马林的使用常识［J］.中国兽药杂志，1981（2）.

［12］曾文虎，张建平，王京仁.谈昆虫浸渍液标本的改进［J］.生物学通报，2010，45（9）：53-55.

［13］郑光宇，赵荣乐.炭疽与炭疽杆菌［J］.生物学通报，2001，36（12）：3.

第四章
异宠现形记

1 初遇

『国门卫士』

[金钥匙 1]

一年一度的**全民国家安全教育日**到了，S海关展览馆准备举办一场海关截获异宠成果展，关博热情地邀请关妞的老师和同学们前来参观。4月15日一大早，全班同学在老师的带领下来到了展览馆。

[金钥匙 2]

"各位同学好！欢迎大家来参观'严防外来生物入侵　守护**国门生物安全**'主题展览！"关博身穿海关制服，庄重严肃，关帽上的国徽光彩夺目（如图4-1所示）。同学们排着整齐的队伍，一个个努力控制着表

▲ 图4-1　海关关徽和帽徽

情，压抑着全身兴奋的细胞，安静地一边参观一边听关博的讲解。

小明实在绷不住了，他将头凑到关妞的耳边，捂着嘴轻声说："关妞，你爸爸好帅啊！"关妞嘴角上扬，自豪地说："那是！我爸爸不仅帅，还是货真价实的国门卫士呢！"

"关妞说得没错，我们海关人都是国门卫士，时刻坚守着国门，防范外来有害生物的入侵。"关博赞许地点点头，语气坚定而自信。看着同学们一个个好奇地东张西望，关博笑着说："小朋友们，参观开始前，大家有什么问题可以提问。"这句话像是平静的湖面投入了一片面包，惹得小鱼儿争相跃出，一瞬间，关博就被大家围在中间，场面一下子变得好不热闹。

"叔叔，国门在哪儿啊？我怎么看不到啊？生物安全又是什么意思呢？""叔叔，这是你们的徽章吗？""叔叔，你们去抓坏人吗？"……关博微笑着等小家伙们放完一个接一个的问题"炸弹"，再次严肃了下表情，一个立正，右手利落地举起，完成了一个标准的敬礼。礼毕，关博微笑着说："同学们，现在为大家一一解答问题。这位小朋友问国门在哪儿，国门指的可不是具体的大门，而是特指出入一个国家的边境口岸，比如说我们国家的海运口岸、航空口岸、陆路口岸等，都是我们国家的国门。这位小朋友问的生物安全则是一切与生物相关的安全问题，比如外来生物入侵、物种多样性保护等。所以综合起来说，国门生物安全就是指通过一些预防和管理方法，避免外来有害生物通过边境口岸进出国境。""就像是解放军叔叔保卫边疆那样吗？"一位同学忍不住问。"对的，本质上是一样的。只不过防范外来有害生物入侵更像是一场没有硝烟的战争。我们国家所有对外开放的口岸都是我们海关关员保家卫国的主战场，可以毫不夸张地说，海关人为保护我们美丽的家园筑成了一道坚不可摧的'隐形长城'！"

"至于第二位小朋友的问题，"关博指着展览上最醒目的那个金色标志，"这是海关的关徽，它由商神手杖与金色钥匙交叉组成，商神手杖代表国际贸易，钥匙象征海关为祖国把关。海关关徽寓意着中国海关依法实施进出境监督管理，维护国家的主权和利益，促进对外经济贸易发展和科技文化交往，保障社会主义现代化建设。"

"第三位小朋友的问题问得比较有意思，海关是行政执法部门，有抓坏人尤其是走私犯罪分子的权力和义务。我们海关还是准军事化纪律部队，**职能**包括监管进出境的运输工具、货物、行李物品、邮递物品和其他物品；征收关税和其他税、费；查缉**走私**；编制海关统计；履行国际出口管制制度，即对高科技产品、导弹技术产品、核相关双重用途产品、生化武器、常规武器、环境污染物质和有毒废料、濒危物种、文物等进行执法管理。所以我们要经常跟违法行为和走私犯罪分子做斗争，以保障国家利益不受损害，保证国门安全。本次展出的主角就是我们在'国门生物安全'战场上缴获的重要战利品——各种异宠。"

2 截获异宠面面观

问答环节结束，关博带领老师同学们走向展区，最先映入眼帘的是"一文一表一警示"。关博郑重地介绍道："这个文件是 2023 年中央发布的第一号文件《中共中央　国务院关于做好 2023 年全面推进乡村振兴重点工作的意见》，该文件首次提到了'异宠'，反映出'异宠'问题已经不是简单养养宠物那么简单的，而是存在巨大安全风险的事情。这张表是 2022 年海关截获的 991 种异宠对我国国门进行的 2012 次冲击，风险仍在加剧。需要特别警示的是这些'异宠'多是外来物种，一旦发生逃逸或被遗弃到自然界，在没有天敌的情形下会迅速繁殖扩散，威胁到本土的生态系统。同时，会对本土物种多样性带来巨大危害，甚至导致本土生物种类变少，种群数量急剧下降，威胁农林牧渔业生产安全。此外，一些'异宠'还具有攻击性，如火蝾螈、野蛮收获蚁、食人鲳等，有的'异宠'有剧毒，比如巨人蜈蚣、箭毒蛙、赤背寡妇蛛等，还有的'异宠'携带多种病菌，如福寿螺、非洲大蜗牛、红耳彩龟等，严重威胁人民群众的健康和生命安全。为此，海关开展了'国门绿盾'专项行动、"跨境电商寄递异宠综合治理"专项行动等一系列针对外来异宠的专项行动。针对企图带外来'异宠'入境的人员，无论是有意或者无意，无论是邮寄或是随身随行李携带，都会被拦截下来，情节严重的还要受到相应的惩罚。"同学们听后，心中都为海关叔叔阿姨出色的工作默默点赞。

▲ 图4-2　婆罗洲南洋犀金龟 （南京海关禹海鑫　供图）

1. 邮检：戴着"异宠"面具的外来入侵生物

一行人到了邮检截获展区，关博继续介绍道："这是南宁海关关员在一件申报为'Garage Kits toy'（车库工具箱玩具）的进境邮件发现的一只甲虫，整虫长约10厘米。经鉴定该甲虫为**婆罗洲南洋犀金龟**（如图4-2所示），是世界上的大型甲虫之一，其性情暴躁，攻击性较强。这是跨境电商寄递'异宠'综合治理专项行动的典型案例之一。"

金钥匙5

"除成虫外，为了便于邮寄，很多异宠都是以幼体的形式'闯关'的，就像天津海关截获的**巴尔干锯蠢斯**虫卵，虽然它的卵只有指甲盖那么长，但是该类蠢斯属于大型食肉性蠢斯，体长可达52～89毫米，性情凶猛，主要以捕食其他昆虫为食。"

金钥匙6

"除了卵，还有一些存活能力比较强的物种，比如江门海关截获的红耳彩龟的幼龟。也就是人们常说的巴西龟，别看它小时候萌萌的，其实从很早开始就是臭名昭著的外来入侵物种团伙中的一员。"

"还有想要养外来入侵物种做宠物的小朋友吗？"关博目光扫向大家，微笑着问。"还是不要养了！""还有人这样偷带异宠的啊？""竟然有人邮寄昆虫卵的，真是不可思议！""原来，可爱的巴西龟也是外来入侵物种啊，真是没想到呢！"大家七嘴八舌，纷纷表达着各自心中的感叹。

"不错，小朋友们的生物安全意识挺强的！现在'外来入侵生物''生物危机''生物多样性''生物安全'都是国际公众重点关注的热门话题，但仍存在一些宣传死角、认知盲区，同学们在充分了解的同时，还可以在力所能及的范围内多向周围的人宣传生物安全知识。"关博适时地表扬，让同学们学习了解生物安全知识的热情更加高涨了。

展区内还有其他许多形形色色的异宠引起了同学们的注意，比如广州海关截获的小战神象犀金龟、苏门答腊巨扁锹甲、马来螃蟹锯锹、**携刺异距蝎**、斑纹蝾螈；南宁海关截获的鹿角蕨、方形巨蠊；重庆海关截获的哈氏弓背蚁、**毛象大兜虫**、大头收获蚁；北京海关截获的四星角雏兜、巴拉望巨扁锹甲……这次，同学们算是"大开眼界"，发出此起彼伏的声声惊叹。

2. 旅检：不自知的犯错

参观完邮检展区，就来到了旅检展区。"这是武汉天河机场海关在对国际入境航班的监管过程中查获的'异宠'——活体蜈蚣127条，经鉴定为哈氏蜈蚣。"关博指着浸泡在玻璃瓶中密密

[金钥匙 7]

[金钥匙 8]   金钥匙 9   **金钥匙 10**

[金钥匙 11]   金钥匙 12

[金钥匙 13]   金钥匙 14   **金钥匙 15**

[金钥匙 16]   金钥匙 17

[金钥匙 18]

[金钥匙 19]

麻麻的大蜈蚣介绍说。同学们看后在惊讶中流露着恐惧，竟不知还有人能够这么"大胆"养这样的异宠。

"其实，也不是所有人都是故意违法违规的。你们看，这是<u>亚历山大鸟翼蝶</u>，是我们从一位游客的行李中发现的，这是那位游客从巴布亚新几内亚带回来的纪念品。"关博继续介绍着，"但是他并不知道，这种蝴蝶不仅是被列入《濒危野生动植物种国际贸易公约》的Ⅰ类保护物种，还是被世界自然保护联盟认定的濒危物种，是禁止带入我国境内的。"

"叔叔，什么是《濒危野生动植物种国际贸易公约》？我们都要遵守吗？"一位同学非常好奇地问。

"这个问题啊，可以让'小关'机器人回答哦。"关博指着旁边的一个智能机器人问道："小关，什么是《濒危野生动植物种国际贸易公约》？"

"《濒危野生动植物种国际贸易公约》是 1973 年 6 月 21 日在美国华盛顿通过的一项国际公约，自 1975 年 7 月 1 日起生效。公约通过对濒危野生动植物种及其制品的国际贸易实施控制和管理，确保野生动植物种国际贸易不会危及物种本身的延续，促进各国保护和合理利用濒危野生动植物资源。截至 2022 年 12 月底，共有 184 个缔约方。中国于 1980 年 12 月 25 日决定加入该公约，公约于 1981 年 4 月 8 日对中国生效，也适用于香港、澳门两个特别行政区。"机器人小关流利地为大家解答。

关博接着介绍道："这种亚历山大鸟翼蝶，生活在巴布亚新几内亚，雌蝶的翅展达 25～31 厘米，是世界上已知的最大的蝴蝶。雄蝶比雌蝶小很多，但翅膀的花纹和颜色异常诱人。雄蝶后翅反面金黄色，布有黑脉纹，并具绿色色泽。它们喜欢在树顶飞翔，远看着就像小鸟一样。鸟翼蝶把虫卵产在马兜铃科植物的叶子上，幼虫孵出后以此类植物的嫩叶为食。幼虫从树叶里收集马兜铃酸充当自己的防身武器，因为马兜铃酸是一种又苦又臭的毒素，捕食者一闻就躲开了，不会过来招惹它们。"

"原来它们有毒啊,但是真的好漂亮呢!"小明忍不住赞叹道。

"对的,正是因为太漂亮,所以它们的标本成了人们争相收藏的热门收藏品,从而遭到大量捕捉、贩卖,种群数量持续下降。此外,随着人类活动范围的急剧扩大,鸟翼蝶的栖息地也在大幅消减。如果再不采取保护措施的话,这种像鸟儿一样飞翔在树顶的大蝴蝶很快就会消失不见了。"关博无奈地陈述着事实。

"不要!我们不要这么漂亮的蝴蝶灭绝!""对!它们要好好地活着!"……当孩子们真正理解了"濒危"的含义后,一个个喊着"不要""不可以",急得眼泪都快掉下来了。

金钥匙 21

"大家不要担心!为了阻止非法交易,保护濒危物种,海关开展了"国门利剑"专项行动,其中一项重要任务就是严厉打击濒危物种的走私,我们一直在努力!"关博看着一个个焦急的小朋友,坚定地说。

"太好了!叔叔阿姨们加油,把那些走私濒危物种的坏人都抓到监狱里去!"同学们个个义愤填膺地说着。

金钥匙 22

"对的,我们不仅要对那些故意走私的人违法必究,还要让更多的人了解生物安全,做到知法守法,让公众清楚地知道如何合法获得野生动植物及其制品。千万不要让个人的喜好变成对大自然的伤害,不要在不知情的情况下,做了破坏生态环境恶行的帮凶。海关非常重视宣传工作,在每年的 4 月 15 日,也就是全民国家安全教育日当天都会举办国门生物安全宣传活动,还将整个 4 月份定为国门生物安全知识宣传月并开展一系列的宣传活动,希望大家也帮我们积极宣传。"

3. 异宠的食物也要监管

很快,关博带领大家到了最后一个展区,展区里陈列的和婴儿手掌差不多大的蜗牛壳引起了同学们的好奇。"这是非洲大蜗牛,可以危害草本、木本、藤本等 500 多种植物,它不仅喜欢吃香蕉，还会对蔬菜、花卉、甘薯、花生等造成严重危害，甚至可以将寄主植物的枝叶吃光。"关博指着蜗牛壳对大家介绍道，"1966年，有一个美国小朋友从夏威夷岛私自携带了3只非洲大蜗牛回到了迈阿密，他的奶奶将这几只蜗牛放养到菜园里，结果这3只蜗牛在3年内繁殖了大概10万只蜗牛后代，小蜗牛们爬遍了整个迈阿密，致使许多蔬菜和花卉植物枝叶几乎被它们吃光，它们成了整个城市最可怕的'田园杀手'。"

"哇，没想到蜗牛还能造成这么大的危害！"小朋友们惊叹道。

"非洲大蜗牛的危害还不止于此，它还是人畜寄生虫的重要中间宿主。它传播的嗜酸性脑膜炎可以引起人们剧烈的头疼、呕吐、嗜睡，并伴有脖子僵硬等症状，严重的还会导致死亡，对人类健康危害极大。此外，非洲大蜗牛爬行后留下的黏液痕迹会使货物的商业价值降低，造成经济损失。"关博继续补充道。

"这么可怕呀，我以后可不敢在外面随便捡蜗牛玩了，还是在家里乖乖吃我的香蕉安全。"小明心有余悸地拍拍自己的胸口。

"小明，香蕉这些水果也不一定安全哦，去国外玩可千万不能把它们带回来。"关博在一旁赶紧补充道。

"啊，为什么呀？香蕉甜甜的又不会动，更不会吃其他植物，怎么就不安全了呀？"小朋友们七嘴八舌地讨论道。

[金钥匙 23]

"你们听过**香蕉枯萎病**吗？"关博提问到。

"没有。""那是什么？""是香蕉生病了吗？"小朋友们一脸茫然，纷纷摇头。

"香蕉枯萎病是一种由真菌引起的土传病害，是国际植物检疫对象。这种病是由尖孢镰刀菌古巴专化型侵染引起的，这种病菌生存能力强、传播途径广，主要侵害香蕉植株的维管束，一旦被侵害，植株内存在的病原孢子就很难被清除。当病株死亡时，又成了新的病害传染源，恶性循环，堪称香蕉的'灭绝性'病害。该病害于1874年在澳大利亚被发现，1910年在巴拿马流行，1927 年暴发，短时间内造成大量香蕉植株死亡，大批香蕉园因此绝收，对巴拿马香蕉产业造成了毁灭性的打击，因此，香蕉枯萎病也被称为'巴拿马病'。随着这种病害的流行，20 世纪 50 年代左右，直接导致当时南美洲主栽香蕉品种'大麦克'的'灭绝'，据说'大麦克'的味道非常好，有点接近香蕉牛奶的口味。万幸人们发现了具有抗病性的品种——'华蕉'（也称香芽蕉）并开始广泛栽培，这才不至于我们今天没有香蕉可吃。"关博耐心地讲解道。

"幸好人类聪明，不然我就吃不到香蕉啦。叔叔，那现在的香蕉是不是已经不怕这种病啦？"小明赶紧问道。

金钥匙 24

"香蕉的危机并没有完全解除哦，'华蕉'虽然抗病，但抗的是香蕉枯萎病 1 号**生理小种**，而香蕉枯萎病致病菌有 4 个生理小种，其中 4 号生理小种不仅对'华蕉'致病，还对所有的香蕉品种都具有威胁性。随着香蕉全球贸易的密切，香蕉枯萎病 4 号生理小种开始在世界范围内传播，新一轮的香蕉枯萎病几乎要席卷全球的香蕉产区。"关博忧心忡忡地回答道。

"那怎么办啊？这样下去我们以后是不是就吃不到香蕉了？"小明满脸担忧。

金钥匙 25

"不要着急，我们国家对进口的香蕉有着严格的检疫要求和监管措施，其中一道关键程序就是**检疫**，包括现场检疫和实验室检疫，我们可以通过目检病症、分离培养病菌并检测其 DNA 的方式，判定水果是否携带病菌。一旦检测到有病菌，全部的香蕉都要被立即销毁。只有健康的水果才准予入境，这样就可以有效防范香蕉枯萎病等各种植物病菌的传入。"关博赶紧安慰小明。

"放心吧，你可以继续吃你的香蕉啦!"关妞拍了拍小明的肩膀，轻声地说。

小明点点头，郑重地看着关妞，坚定地说："你爸爸的工作太有意义了，我决定了，等我长大以后也要穿上帅气的海关制服，做一名真正的国门卫士，为守护我们美丽的家园而努力!"

关妞怔了一下，然后认真地伸出右手，"那好! 我们约定，以后一起守卫国门！"小明也认真地伸出右手，两只小手紧紧地握在一起，郑重地摇了又摇。这时，两人的耳边忽然响起来雷鸣般的鼓掌声，原来同学们都被他俩的远大理想感染了。

金钥匙 1

什么是全民国家安全教育日?

全民国家安全教育日（National Security Education Day）是为了增强全民国家安全意识，维护国家安全而设立的节日。2015 年 7 月 1 日，全国人民代表大会常务委员会通过的《中华人民共和国国家安全法》第十四条规定，每年 4 月 15 日为全民国家安全教育日[1]。

金钥匙 2

什么是国门生物安全?

国门生物安全属于非传统安全，是国家安全体系的重要组成部分。政府职能部门主要通过加强国门生物安全宣传教育，实施进境动植物检疫，有效防范物种资源丧失和外来物种入侵，保护国门生物安全[2]。

金钥匙 3

海关的职能有哪些?

海关是依据本国（地区）的法律、行政法规行使进出口监督管理职权的国家行政机关。根据《中华人民共和国海关法》规定，中国海关职能有四项：监管进出境的运输工具、货物、行李物品、邮递物品和其他物品；征收关税和其他税、费；查缉走私；编制海关统计；办理其他海关业务[3]。

金钥匙 4

什么是走私？

走私是指违反《中华人民共和国海关法》及有关法律、行政法规，非法运输、携带、邮寄国家禁止进出境的物品、国家限制进出境或者依法应当缴纳关税和其他进口环节代征税的货物、物品进出境的行为。

金钥匙 5

婆罗洲南洋犀金龟档案

【中 文 名】婆罗洲南洋犀金龟（如图 4-3 所示）

【学　　名】*Chalcosoma moellenkampi Kolbe*

【分类地位】动物界，节肢动物门，昆虫纲，鞘翅目，犀金龟科，南洋大兜属

【分　　布】主要分布于东南亚的马来西亚、印度尼西亚、菲律宾等地的热带雨林中。

【形态特征】雄性成虫平均体长 50 ~ 140 毫米，雌性成虫体长 40 ~ 70 毫米。

【生物习性】属于夜行性甲虫，具有很强的趋光性，通过卵生方式繁殖，成虫活动适宜温度 22 ~ 28℃，寿命 3 ~ 6 个月。昼伏夜出，在野外取食树液及水果汁液。幼虫活动适宜温度 20 ~ 28℃，幼虫期为 12 ~ 20 个月[3]。

▲ 图 4-3　婆罗洲南洋犀金龟（杭州海关黄芳　供图）

【**截获记录**】2023 年 3 月，南宁邮局海关截获。

【**扩展阅读**】婆罗洲南洋犀金龟的种名 *moellenkampi* 是为了纪念德国锹甲分类学家 Wihelm

Mollenkamp（1585—1917 年）。因其角形特殊，被当地称为"kapiting"（一

种吊起倒木的工具）。

金钥匙 6

巴尔干锯螽斯档案

【**中 文 名**】巴尔干锯螽斯（如图 4-4 所示）

【**学　　名**】*Saga natoliae Serville*

【**分类地位**】动物界，节肢动物门，昆虫纲，直翅目，螽斯科，*Saga* 属

【**分　　布**】巴尔干半岛地区，以及中东地区的部分国家（地区）。

【**形态特征**】巴尔干锯螽斯体形"巨大"，成年雄虫体长可达 52～82 毫米，成年雌虫体长

可达 60～89 毫米，雄虫背部具有发声器官，可发出鸣声来吸引雌性。巴尔

干锯螽斯喜欢阳光充足、干燥温暖的环境，成虫在初夏羽化，常栖息于高大

的灌木丛中[4]。

【**生物习性**】是大型食肉性螽斯，性情凶猛，以捕食其他昆虫为食。

【**截获记录**】2023 年 4 月，天津海关在进境邮件中截获。

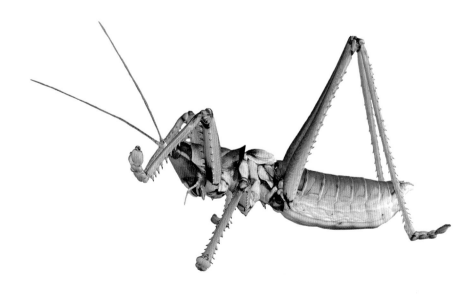

▲ 图 4-4　巴尔干锯螽斯　（杭州海关黄芳　供图）

小战神象犀金龟档案

【中 文 名】小战神象犀金龟（如图 4-5 所示）

【学　　名】*Megasoma mars*

【分类地位】动物界，节肢动物门，昆虫纲，鞘翅目，犀金龟科，象兜属

【分　　布】拉丁美洲，主要分布在西部和中部亚马孙河流域的巴西至哥伦比亚北部一带。

【形态特征】野生的雄虫体长 65～140 毫米，雌虫体长 55～90 毫米。体形大、性情温顺，坚硬的黑色光泽鞘翅表面光滑。成虫通体漆黑光亮，雄虫拥有发达的头角及向左右方平斜伸出的细长胸角。

【生物习性】小战神象犀金龟是象兜属内体形最大的一个种类，个体寿命达 24 个月，成虫期为 8 个月，蛹期为 3 个月。幼虫以山毛榉科树木腐烂木材组成的基质为食，其中包括橡树、山毛榉和栗子[5]。

【截获记录】2023 年 2 月，广州海关在进境邮递渠道查获。

【扩展阅读】它的种名源于罗马神话中的国土、战争、农业和春天之神——玛尔斯（Mars）。

▲ 图 4-5　小战神象犀金龟（杭州海关黄芳　供图）

苏门答腊巨扁锹甲档案

【**中 文 名**】苏门答腊巨扁锹甲（如图 4-6 所示）

【**学   名**】*Serrognathus（Serrognathus）titanus subsp. yasuokai*

【**分类地位**】动物界，节肢动物门，昆虫纲，鞘翅目，锹甲科，大锹属

【**分   布**】苏门答腊岛、苏拉威西岛。

【**形态特征**】苏门答腊巨扁锹甲体形壮硕厚实，雄虫大颚以及头胸部整体宽阔，体表具有很强的光泽度。

【**生物习性**】攻击性极强，雄虫在繁殖期甚至可能会杀死雌性。其成虫寿命 12～24 个月，幼虫期为 8～10 个月。

【**截获记录**】2023 年 5 月，拱北海关截获；2023 年 6 月，长沙海关截获。

【**扩展阅读**】它的亚种名 *yasuokai* 源于日本人安冈博人之姓。同种内其他亚种有棉兰老岛巨扁锹甲、苏拉威西巨扁锹甲等品种。

▲ 图 4-6 苏门答腊巨扁锹甲 （杭州海关黄芳 供图）

马来螃蟹锯锹档案

【中　文　名】马来螃蟹锯锹（如图4-7所示）

【学　　　名】*Prosopocoilus kannegieteri*

【分类地位】动物界，节肢动物门，昆虫纲，鞘翅目，锹甲科，锯锹属

【分　　　布】马来半岛、苏门答腊岛、加里曼丹岛。

【形态特征】雄虫大颚基部有很强的弯曲，尖端分叉，近端部有2个大内齿，中间是锯齿状小内齿，头顶部有一对角状突起，身体细长，全身有光泽。雌虫前足胫节向外侧弯曲，鞘翅结合部有较宽阔的黑色条纹。体长30～50毫米。成虫寿命4～6个月，幼虫期为2～3个月。

【生物习性】不详。

▲ 图4-7　马来螃蟹锯锹　（杭州海关黄芳　供图）

携刺异距蝎档案

【**中 文 名**】携刺异距蝎（如图 4-8 所示）

【**学 名**】*Heterometrus spinifer*

【**分类地位**】动物界，节肢动物门，蛛形纲，蝎目，蝎科，异距蝎亚科，异距蝎属

【**分 布**】主要分布于马来西亚半岛。

【**形态特征**】该物种是东南亚体形最大的蝎子。平均体长 10 ~ 12 厘米。体呈黑色，有灰绿色的光泽。钳子外表光滑，后体节有明显的棘刺。

【**生物习性**】成体寿命 3 ~ 5 年。携刺异距蝎毒性较小，但仍可引起被蜇刺者剧烈疼痛并在受伤部位造成轻度麻痹，部分人群对其毒液过敏[6]。

【**截获记录**】2022 年 11 月，广州海关在进境邮件中截获。

▲ 图 4-8 携刺异距蝎（杭州海关黄芳 供图）

斑纹蝾螈档案

【中 文 名】斑纹蝾螈（如图 4-9 所示）

【学　　名】*Triturus marmoratus*

【分类地位】动物界，脊索动物门，两栖动物纲，有尾目，蝾螈科，欧冠螈属

【分　　布】西班牙、法国南部及西部地区。

【形态特征】体长 120～160 毫米，最长可达 170 毫米（雌性比雄性大），是其属内较大的物种之一。斑纹蝾螈具有漂亮的图案，背部呈黑色或棕色，且有一个特征性的绿色大理石图案，腹部呈黑色或奶油色，带有可变数量的白点。一条橙色的条纹沿着背线从头部底部到尾巴尖端分布，雄性个体中该条纹被黑色斑点分割，并且在繁殖季节发展成黑白带状嵴（雌性不发育嵴，背线仍然是实心橙色）。眼睛是黑色的，瞳孔呈水平方向，虹膜上侧有一个绿色斑点[7]。

【生物习性】栖息于海拔 400 米以下的低地，凡砂质、黏土质或石灰质等各式环境均可见其踪迹。初春开始水中生活。栖息地点多为池沼或小型湖泊等水域，直至夏季结束。繁殖期间雄性的背部至尾部间会长出背鳍。每年 3～5 月份会在水草上产下 200～300 枚卵。

【截获记录】2023 年 6 月，广州海关在进境寄递渠道查获。

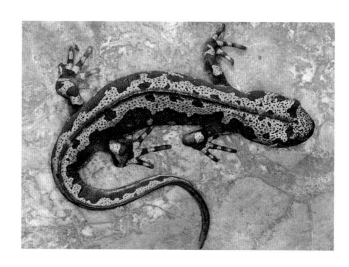

▲ 图 4-9　斑纹蝾螈（南京海关禹海鑫　供图）

鹿角蕨档案

【**中 文 名**】鹿角蕨（如图 4-10 所示）

【**学　　名**】*Platycerium wallichii*

【**分类地位**】植物界，蕨类植物门，蕨
纲，真蕨目，鹿角蕨科，鹿
角蕨属

【**分　　布**】原产于非洲、亚洲、大洋洲
和南美洲的热带、亚热带雨
林中，缅甸、印度东北部、
泰国和中国云南也有分布。

▲ 图 4-10　鹿角蕨（南京海关禹海鑫　供图）

【**形态特征**】鹿角蕨的叶有二型，营养叶
较小，呈圆形、椭圆形或扇形，密贴于附生物之上。孢子叶形似梅花鹿角，
叶面密被茸毛，新生时为嫩绿色，成熟时转为浅褐色。

【**生物习性**】鹿角蕨喜温暖阴湿环境，怕强光直射，以散射光为宜，在冬季，温度以不低
于 5℃，土壤以疏松的腐叶土为宜，具世代交替现象，孢子体和配子体均能
够独立生活。分布区为热带季风气候，炎热多雨，年平均温度 22.6℃，极端
最低温不低于 5℃，极端最高温不高于 39.5℃，年降水量约 2000 毫米，相
对湿度不低于 80%。常附生在以毛麻楝、楹树、垂叶榕等为主体的季雨林树
干和枝条上，也可附生在林缘、疏林的树干或枯立木上，以腐殖叶、聚积落
叶、尘土等物质为营养来源。

【**截获记录**】2023 年 6 月，南宁海关截获。

【**扩展阅读**】鹿角蕨是观赏蕨中姿态最奇特的一类，属附生性观赏蕨。鹿角蕨可作为装饰
布置于公园、植物园、商店、居室等地，贴生于古老枯木或装饰于吊盆，作
悬吊式或镶挂式布置，是室内立体绿化材料。

方形巨蠊档案

【中 文 名】方形巨蠊（如图 4-11 所示）

【学　　名】*Archimandrita tessellata*

【分类地位】动物界，节肢动物门，昆虫纲，蜚蠊目，匍蜚蠊科，*Archimandrita* 属

【分　　布】哥斯达黎加、哥伦比亚、巴拿马、危地马拉、墨西哥、萨尔瓦多、伯利兹、洪都拉斯、加拿大、美国。

【形态特征】成虫体长 50～80 毫米，通体呈金黄色或橙黄色，背部有斑块。有翅，但无法飞行[8]。

【截获记录】2022 年 3 月，上海海关截获。

【扩展阅读】也称"秘鲁巨人蟑螂"，虽不是最大的品种之一，但其宽大的翅会给人一种庞大的感觉。在蟑螂中属于生长缓慢的品种，需要 9 个月才可长到成体。雌雄都有翅但不能飞行，不能爬光滑物体，在蟑螂收集爱好者中是很受欢迎的品种。

▲ 图 4-11　方形巨蠊 （杭州海关黄芳　供图）

哈氏弓背蚁档案

【**中 文 名**】哈氏弓背蚁（如图 4-12 所示）

【**学 名**】*Camponotus habereri*

【**分类地位**】动物界，节肢动物门，昆虫纲，膜翅目，蚁科，弓背蚁属

【**分 布**】中国台湾、日本。

【**形态特征**】哈氏弓背蚁为中国台湾原生种，工蚁头胸为红褐色，腹部呈现虎斑纹路。体
长 9 ~ 11 毫米，头部长 3.6 毫米，宽 3.0 毫米。下颚七齿，前三分之一的外
缘强烈弯曲，中等光泽，有极细的点状突起。头部呈梯形，后面凹陷，前面
呈烟熏状，后部最宽，侧缘突起。头部前部有些闪亮，其他部分暗淡无光，
密布点状网格[9]。

【**生物习性**】适宜生活的温度约为 26℃，大颚夹咬和喷射蚁酸作为主要武器。哈氏弓背蚁
属杂食偏素食性的蚂蚁，在野外以植物花蜜或小型昆虫为食。树栖型蚂蚁，
筑巢于倒木、腐木、树洞中，属夜行性蚁，在野外很容易发现其踪迹。

【**截获记录**】2022 年 11 月，重庆海关在进境邮件中截获。

▲ 图 4-12 哈氏弓背蚁（杭州海关黄芳 供图）

毛象大兜虫档案

【中 文 名】毛象大兜虫（如图 4-13 所示）

【学　　名】*Megasoma elephas*

【分类地位】动物界，节肢动物门，昆虫纲，鞘翅目，犀金龟科，象兜属

【分　　布】主要分布于南、北美洲，如哥斯达黎加、墨西哥、巴拿马、尼加拉瓜、洪都拉斯、伯利兹、哥伦比亚、危地马拉、委内瑞拉等。

【形态特征】体长可达 12 厘米，触角顶端有细小的分叶。成虫体表覆盖金黄色短绒毛，雄虫拥有发达的头角及向左右方平斜伸出的短胸角。雌虫没有头角，前胸背板及鞘翅上半部没有覆毛，其余部分同雄虫覆有金黄色短毛[10]。细毛会因磨损而掉落，且不会重新长出。

【生物习性】毛象大兜虫是大型、容易饲育的品种，饲育简单，对食材不挑剔。幼虫可用其他锹甲兜虫吃剩的废土喂养，成虫可用香蕉等低水分水果或甲虫果冻喂养，适宜活动温度为 18～30℃。

【截获记录】2022 年 9 月，上海海关在进境邮件中查获。

▲ 图 4-13　毛象大兜虫 （杭州海关黄芳　供图）

大头收获蚁档案

【中 文 名】大头收获蚁（如图 4-14 所示）

【学　　名】*Messor capitatus*

【分类地位】动物界，节肢动物门，昆虫纲，膜翅目，蚁科，收获蚁属

【分　　布】法国、意大利、西班牙、科威特、以色列等。

【形态特征】体长 0.7 ~ 1.6 厘米。

【生物习性】大头收获蚁通过主动攻击其他收获蚁及其领地，掠夺资源。一部分工蚁会专门负责去破坏周边其他收获蚁的领地。如果受破坏的蚁群全面防守，它们转身就跑。如果洞口防守薄弱，它们就跑到洞口上缘去挖土、搬石块、搬树枝，搬运一切能找到的东西堵住巢口。如果有敌方的工蚁落了单，它们还会主动攻击。

【截获记录】2022 年 12 月，上海海关在进境邮件中截获。

【扩展阅读】大头收获蚁搜寻食物时类似猛蚁，独自觅食，各自为战，且战斗力很强。虽然大头收获蚁喜欢独立觅食，但一旦发现大量食物资源，它们还是会回巢搬兵的。当侦查工蚁入巢后，会在其他工蚁间兴奋地奔跑，并进行一种被学者称为"动力展示"的行为，包括奔跑，身体震动，与其他工蚁一对一的身体接触，自我梳洗，搬动巢内食物等表征。其他蚂蚁通常依照信息素[①]标注的"高速公路"成群行进。

▲ 图 4-14　大头收获蚁 （杭州海关黄芳　供图）

---

① 信息素指的是由一个个体分泌到体外，被同物种的其他个体通过嗅觉器官察觉，使后者表现出某种行为、情绪、心理或生理机制改变的物质。

四星角雏兜档案

【**中 文 名**】四星角雏兜（如图 4-15 所示）

【**学　　名**】*Brachysiderus quadrimaculatus*

【**分类地位**】动物界，节肢动物门，昆虫纲，鞘翅目，犀金龟科，角雏兜属

【**分　　布**】秘鲁。

【**形态特征**】体长 27～45 毫米。体形浑圆，角形特别，体表颜色鲜亮。鞘翅前后各有 2 个星状的小点，所以被命名为四星角雏兜。

【**生物习性**】成长速度很快，幼虫期 6 个月左右。

【**截获记录**】2023 年 4 月，广州海关在进境邮件中截获；2023 年 4 月，北京海关在进境邮件中截获。

【**扩展阅读**】2009 年左右开始在日本流通，因为非常稀少，所以价格昂贵。

▲ 图 4-15　四星角雏兜　（杭州海关黄芳　供图）

巴拉望巨扁锹甲档案

【中 文 名】巴拉望巨扁锹甲（如图 4-16 所示）

【学　　名】*Dorcus titanus palawanicus*

【分类地位】动物界，节肢动物门，昆虫纲，鞘翅目，金龟总科，Dorcus 扁锹属

【分　　布】菲律宾巴拉望岛。

【形态特征】外形强壮厚实，锯齿状大颚修长有力。

【生物习性】战斗力强，性格极其暴躁。

【截获记录】2023 年 2 月，北京海关截获；2023 年 5 月，拱北海关、深圳海关截获；2023 年 6 月，长沙海关截获。

【扩展阅读】为锹甲中的霸主和格斗天才，生性凶猛，脾气极其火爆，力量、技巧俱全，拥有最强锹甲的称号，是甲虫玩家最喜爱的锹甲之一。

▲ 图 4-16　巴拉望巨扁锹甲 （杭州海关黄芳　供图）

哈氏蜈蚣档案

【中 文 名】哈氏蜈蚣（如图 4-17 所示）

【学　　　名】*Scolopendra subspinipes*

【分类地位】动物界，节肢动物门，唇足纲，蜈蚣目、蜈蚣科、蜈蚣属

【分　　　布】美国、新加坡、印度尼西亚、法属瓜德罗普岛、法属玻利尼西亚、新喀里多尼亚、百慕大群岛、圣巴泰勒米、法属圣马丁等地。

【形态特征】哈氏蜈蚣的体长为 200 毫米，最大的可达 350 毫米。全体呈褐色，或头板和第一有足体节的背板为红色，而其他背板为褐色。步足呈浅褐色。触角分 18 节，基部 6 节无细密的绒毛。背板纵沟线多从第 4 背板至第 20 背板，脚板纵沟线从第 2 脚板至第 20 脚板。最末体节的墓侧板突起末端有 2 小棘，也有一侧突起末端有 1~3 个小棘的个体。第 1 步足至第 19 步足各有一跗刺，第 20 步足也有一跗刺。最末步足前股节的腹面外侧无棘，而内侧仅有一棘。前股节的背面内侧有一棘，也有少数个体一侧为一棘，而另一侧为二棘

▲ 图 4-17　哈氏蜈蚣（杭州海关黄芳　供图）

的。隅棘末端为二小棘。雄性生殖区前生殖节胸板两侧有细小的生殖肢。

【生物习性】属食肉性动物，性情凶猛、有毒，喜食各种昆虫，主要包括蟋蟀、蝗虫、烟虫、金龟子、稻苞虫、牛角虫、蝉、蚱蜢、蜻蜓、蜘蛛、各种蝇、蜂类的卵或蛹，也吃蠕虫、蚯蚓、蜗牛、蛞蝓、马陆及蝙蝠、麻雀、鼠类、壁虎、蜥蜴、蛇类、蛙类等动物。此外，还吃鸡血、杂骨。有时也吃西瓜、黄瓜、苹果、梨之类的瓜果。初春食物不足时也偶尔吃些苔藓或青草嫩芽、根尖。极度饥饿或严重干旱时还会相互残杀、咬食同类。饥饿时，一次进食量可达自身体重的五分之一，最多可达五分之三。然而它很耐饥饿，10 天、半个月不进食也不会饿死。

【截获记录】2023 年 6 月，武汉海关在国际入境航班的监管过程中截获。

金钥匙 20

亚历山大鸟翼蝶档案

【中 文 名】亚历山大鸟翼蝶（如图 4-18 所示）

【学　　名】*Ornithoptera alexandrae*

【分类地位】动物界，节肢动物门，昆虫纲，鳞翅目，凤蝶科，鸟翼蝶属

【分　　布】巴布亚新几内亚北部

【形态特征】雌蝶翼展 25 ~ 31 厘米，体长可达 6 ~ 9 厘米，重约 12 克，较其雄蝶大，是世界上已知的最大的蝴蝶。雌蝶的翅膀呈褐色，有白色斑纹，身体呈乳白色，胸

雄蝶　　　　　　　　　　　雌蝶

▲ 图 4-18　亚历山大鸟翼蝶（杭州海关黄芳　供图）
注：此图只为图示，并非雄蝶与雌蝶的真实比例

部局部有红色的绒毛。

雄蝶翼展 16~20 厘米，与雌蝶相比较为细小，翅膀也较细窄，具虹蓝光泽及绿色斑纹，后翅反面金黄色，布有黑脉纹，并具绿色色泽，腹部鲜黄色。

【生物习性】喜在树顶飞翔。亚历山大鸟翼蝶的幼虫在马兜铃属的植物上觅食。幼虫初期会吃嫩叶，在结蛹前会吃藤蔓。这些植物的叶子及茎上有马兜铃酸，对脊椎动物有毒且会积聚在幼虫体内。成虫会在木槿属植物等的花朵上觅食。

【扩展阅读】亚历山大鸟翼蝶被世界自然保护联盟列入《世界自然保护联盟濒危物种红色名录》，等级为濒危，只分布在巴布亚新几内亚北部省近岸雨林的 100 平方千米范围内。它们在当地数量丰富。主要的威胁是失去栖息地。而邻近的拉明顿火山于 20 世纪 50 年代的爆发破坏了其大片栖息地。自 1989 年以来，亚历山大鸟翼蝶已经成为濒临灭绝物种。

金钥匙 21

什么是"国门利剑"专项行动？

"国门利剑"专项行动是指全国海关会同有关地方和部门开展打私联合专项行动[13]。自 2016 年首次采用"国门利剑"代号以来，此后每年连续以此命名。工作重点主要有以下几个方面。一是把打击"洋垃圾"走私作为重中之重，海关进一步加大监管打击力度，重拳出击，猛打狠打，坚决压制住"洋垃圾"走私冒头趋势，保护绿水青山，打赢生态文明建设标志性攻坚战，切实维护国家环境安全。二是严厉打击象牙等濒危物种走私，着力打掉幕后跨国走私犯罪集团，密切配合林业、公安、工商等部门，加强联合执法检查，切断走私利益链条，确保象牙贸易禁令有效落地，切实保护野生动植物资源，维护生态平衡。三是深入打击粮食等农产品走私，将其作为保障乡村振兴战略的重要举措，坚持"破大案、打团伙、摧网络"，坚决遏制大米、食糖、冻品等走私势头，切实维护国家农业战略安全。四是持续打击涉税商品走私，保持对机械设备、成品油、汽车、电子产品等重点涉税商品走私打击力度，有效打击虚假贸易骗退税违法活动，进一步规范进出口贸易秩序，切实维护国家财税安全，为供给侧结构性改革营造良好环境。五是重拳打击涉枪涉毒走私，按照中央扫黑除恶专项斗争部署，充分发挥海关堵源截流作用，坚决打掉制、贩、走私枪支毒品的犯罪链条，切实维护国家安全和社会稳定。

如何合法获得野生动植物及其制品？

《中华人民共和国野生动物保护法》第二十八条第一款和第二款规定："禁止出售、购买、利用国家重点保护野生动物及其制品。因科学研究、人工繁育、公众展示展演、文物保护或者其他特殊情况，需要出售、购买、利用国家重点保护野生动物及其制品的，应当经省、自治区、直辖市人民政府野生动物保护主管部门批准，并按照规定取得和使用专用标识，保证可追溯，但国务院对批准机关另有规定的除外。"

《中华人民共和国濒危野生动植物进出口管理条例》第七条规定："进口或者出口公约限制进出口的濒危野生动植物及其产品，出口国务院或者国务院野生动植物主管部门限制出口的野生动植物及其产品，应当经国务院野生动植物主管部门批准。"第十二条规定："申请人取得国务院野生动植物主管部门的进出口批准文件后，应当在批准文件规定的有效期内，向国家濒危物种进出口管理机构申请核发允许进出口证明书。"第二十一条第一款规定："进口或者出口濒危野生动植物及其产品的，应当向海关提交允许进出口证明书，接受海关监管，并自海关放行之日起 30 日内，将海关验讫的允许进出口证明书副本交国家濒危物种进出口管理机构备案。"

《中华人民共和国进出境动植物检疫法》第十条规定："输入动物、动物产品、植物种子、种苗及其他繁殖材料的，必须事先提出申请，办理检疫审批手续。"第十一条规定："通过贸易、科技合作、交换、赠送、援助等方式输入动植物、动植物产品和其他检疫物的，应当在合同或者协议中订明中国法定的检疫要求，并订明必须附有输出国家或者地区政府动植物检疫机关出具的检疫证书。"第十二条规定："货主或者其代理人应当在动植物、动植物产品和其他检疫物进境前或者进境时持输出国家或者地区的检疫证书、贸易合同等单证，向进境口岸动植物检疫机关报检。"第十五条第一款规定："输入动植物、动植物产品和其他检疫物，经检疫合格的，准予进境；海关凭口岸动植物检疫机关签发的检疫单证或者在报关单上加盖的印章验放。"

香蕉枯萎病档案

【中 文 名】香蕉枯萎病（如图 4-19 所示）

【英 文 名】Panama disease of banana

【致 病 菌】香蕉枯萎病菌产生两种类型的分生孢子。大型分生孢子镰刀形，3～5 个分隔，多数 3 个分隔；小型分生孢子单胞或双胞，卵形或圆形。菌核暗黑色，直径 0.5 毫米～1 毫米，最大达 4 毫米。厚垣孢子椭圆形至球形。此菌有 4 个生理小种，以古巴 4 号生理小种为严重。大密哈（AAA）对 1 号生理小种十分感病，但抗 2 号生理小种。勃拉戈（ABB）相对易感 2 号生理小种，但抗 1 号生理小种。3 号生理小种只侵害

▲ 图 4-19　感染香蕉枯萎病的植株

（南京海关禹海鑫　供图）

羯尾蕉。矮秆香芽蕉原是抗病品种，但 1967 年在中国台湾出现 4 号生理小种后，遭受严重损失。

【症　　状】成株期发病，先在下部叶片及靠外的叶鞘呈现特异的黄色，初期在叶片边缘发生，然后逐步向中肋扩展，与叶片的深绿部分对比显著。也有整片叶子发黄的，患病叶片迅速凋萎，由黄变褐而干枯，其最后一片顶叶往往迟抽出或不能抽出，最后病株枯死。有个别虽然不随即枯死，但果实发育不良，品质低劣。母株发病，在地上部（即假茎）枯死后，其地下部（即球茎）不立即枯死，仍能长出新芽，继续生长，要到生长中后期才显现症状。

【侵染过程】香蕉枯萎病是通过土壤进行传播的危害寄主植物维管束的病害，其中带病的香蕉苗及带病土壤是该病害的传播源头。病菌通过根部感染香蕉后，经其维管束组织向茎部进行扩散。染病香蕉植株的症状主要有维管束组织明显褐化，茎部腐烂等。该病的远距离传播主要依靠带菌的香蕉种苗、土壤和农机具等人为的调运和转移，近距离则主要依靠带菌的水、分生孢子等进行传播。

【截获记录】2010 年 1 月，青岛口岸连续两次从菲律宾进口香蕉上截获香蕉枯萎病菌 4 号生理小种。

金钥匙 24

什么是生理小种？

生理小种（Race）是指同种病原物在形态上没有什么差别，而在生理生化特性、培养性状、致病性等方面存在差异的不同群体。不同生理小种对同种作物不同品种（或不同种、属）之间的致病性不同[12]。生理小种的概念在真菌、细菌、病毒、线虫等病原物中都适用。但有时，细菌的生理小种称菌系（Strain），病毒的生理小种称毒系或株系（Strain）。

金钥匙 25

海关对进境动植物及其产品的检疫措施有哪些？

我国海关对进境动植物及其产品的动植物检疫主要包括检疫准入、注册登记、检疫审批、境外预检、指定口岸、口岸查验、实验室检疫、检疫处理、隔离检疫、定点加工、疫情监测等，通过上述措施不断强化进境动植物及其产品的事前准入、事中管理和境内后续管理，有效筑牢"境外、口岸、境内"三道防线。[13]

知识巩固

金问号 **1**

你知道全民国家安全教育日是每年的几月几日吗?

金问号 **2**

全民国家安全教育日这天,你能撰写一份有关科学饲养异宠,不随意放生异宠,不饲养外来有害生物,共建美丽家园的倡议书吗?

金问号 **3**

如果让你当一天海关宣讲员,你要怎样宣讲让大家不做有害生物的搬运工和植物疫病的二次传播者呢?

参考文献

［1］共产党员网．关于全民国家安全教育日有这些知识点［EB/OL］．https：//www.12371.cn/2022/04/12/ARTI1649735281522373.shtml，2022-04-13.

［2］中华人民共和国中央人民政府网．贯彻总体国家安全观 筑牢国门生物安全防护 网［EB/OL］．https：//www.gov.cn/xinwen/2017-04/17/content_5186491.htm，2017-04-17.

［3］Chalcosoma moellenkampi Kolbe，1900 in Döring M（2022）．English Wikipedia-Species Pages．Wikimedia Foundation．Checklist dataset［EB/OL］．https：//doi.org/10.15468/c3kkgh.

［4］Orthoptera and their ecology.［EB/OL］．http：//www.pyrgus.de/Saga_natoliae_en.html.

［5］Rchard's Inverts：a collection of photos and videos of the remarkable world of invertebrates［EB/OL］．https：//richardsinverts.com/care-sheet-mars-rhino-beetle-megasoma-mars/.

［6］Pet products.［EB/OL］．https：//www.petproducts.org/heterometrus-spinifer-3.

［7］Triturus marmoratus．Salamanderland-Online Database for Newt&Salamander Enthusiasts.［EB/OL］．https：//salamanderland.com/articles/articles-caresheets/triturus-marmoratus.

［8］Peppered Cockroach.［EB/OL］．https：//senecaparkzoo.org/peppered-cockroach/.

［9］Camponotus habereri．In：Forel，A.（1912）：H．Sauter's Formosa-Ausbeute：Formicidae（Hym.）．Entomologische Mitteilungen 1：45-81.

［10］Elephant Beetle.［EB/OL］．https：//www.learnaboutnature.com/insects/beetles/elephant-beetle/.

［12］DB 44/T 1866—2016．香蕉种苗枯萎病菌分子检测与鉴定技术规程［S］．北京：中国标准出版社，2016.

［13］中国长安网．海关三道防线九项措施：严防外来物种入侵 严打濒危物种走私［EB/OL］．https：//baijiahao.baidu.com/s?id=1693996364347002538&wfr=spider&for=pc，2021-03-12.

第五章
异宠 "通缉令"

看完海关截获异宠成果展后，关妞还有些意犹未尽，傍晚还缠着关博想看看更多的异宠。关博想了一下，对关妞说："今天看过那么多的异宠，也知道了有不少异宠在我们国家变成了外来入侵物种，我们小区旁边的小河边就出现了一种你之前看过的种类，我们一起去看看能不能找到吧！"关妞听后开心地拿上捞网和小桶跟着关博来到了小河边。

河边很热闹，一群小朋友围着一个老婆婆，像是在看什么稀罕物。关妞也挤过去看了一下，原来那个老婆婆带来了一大桶小乌龟，小朋友们看见乌龟都兴奋地叫个不停，摸摸这个，逗逗那个。关妞仔细看了一下，只见那些小小的乌龟伸着长长的脖子，眼睛后面的两条红色条纹在阳光的照射下显得特别鲜艳。"爸爸快看，这是不是上午在展览区看到的红耳彩龟？"关博听到关妞的呼喊后踮脚看了一眼，桶里确实是外来入侵物种——红耳彩龟。关博回答了关妞之后，便问那个老婆婆拿这么多红耳彩龟来这里做什么。

老婆婆微笑着说："我准备在这里做善行，放生它们！"。

没等关博说话，关妞就抢着说："老婆婆，这样做是不对的，这种乌龟是外来入侵物种，放生它们是会破坏环境的。"

老婆婆有点儿疑惑，脸上显现了不太相信的表情。"我放生它们是行善举，爱护小动物，怎么会是破坏环境呢？"

关博上前跟老婆婆解释："小朋友说得没错，你放生的这种乌龟是红耳彩龟，也叫巴西龟，原产于美洲，确实是外来入侵物种，是不能随意放生的。"

老婆婆有点儿不高兴了，说："我放生它们也是出于好意，也没有触犯法律，你看这河边不也有这种乌龟嘛。"

关博缓了缓语气，接着说，"老婆婆，您听我说，现在**随意放生外来入侵物种**可是犯法了呢。我们国家早在1988年就出台了《中华人民共和国野生动物保护法》，在2022年做了最新的修订，对放生等行为进行了严格规范，要求任何组织和个人将野生动物放生至野外环境，应当选择适合进行野外放生的当地物种，不得干扰当地居民的正常生活、生产，避免对生态系统造成危害。随意放生野生动物，造成他人人身、财产损害或者危害生态系统的，要依法承担法律责任。另外，2021年出台的《中华人民共和国生物安全法》也规定了未经批准，擅自释放或者丢弃外来物种的，责令限期捕回、找回释放或者丢弃的外来物种，并处一万元以上五万元以下的罚款。"听到这里，老婆婆脸色有些发白。关博继续说："2020年12月，江苏常州有个人也是为了给家人和朋友祈福放生了2.5万斤鲇鱼，破坏了当地生态环境被起诉，最终经法院审理，因非法投放外来物种，造成生态资源损失与服务功能损失，被判赔偿58000元。这个红耳彩龟也是一种有名的外来入侵物种，被列入'全球100种最具威胁的外来物种'，它会导致本土乌龟种类灭绝，其活动水域内的生物多样性减少，影响生态平衡。其次，它还会传播**沙门氏菌**，如果有人与红耳彩龟接触后没清洗干净，就很容易染上沙门氏菌，可能会导致肠热症、急性肠炎、白血病等严重的疾病。"

[金钥匙 2]

老婆婆听到这里，有点儿坐不住了："对不起，我不知道放生个小乌龟对环境有这么大的危害，我不放生了，谢谢你们提醒我，也谢谢你啊，小朋友。"

"不客气！"关妞大声地回答道。

关妞觉得自己做了一件很有意义的事情，心情愉快得不得了，同时也更加崇拜爸爸了。

看着老婆婆提着桶急匆匆地离开后，关妞有点儿不解地问关博："爸爸，既然这些异宠会给环境和人类带来危害，那么为什么还有那么多人要养或者放生它们呢？反正看完展览之后，我肯定是不会养了。"关博欣慰地看着关妞说："这说明我们的展览还是很有用的，但是能来看展览的人还是太少了，我们国家人口那么多，很多人对这些异宠会给环境带来什么样的危害并不了解，所以饲养异宠还是屡禁不止。""那有什么办法能让大家多了解呢？"关妞好奇地追问。"多做宣传目前是最好的办法，能让越多的人知道饲养异宠可能带来的危害，就越少有人选择去购买和饲养异宠，所以我们每年都会开展专题展览、国门安全进校园等一系列宣传活动。参加完活动后，小朋友们回家可以向家长和周围的人宣传，慢慢地知道的人就越来越多啦。对了，这个月正好是国门生物安全知识宣传月，爸爸下周去你们学校做宣传好不好……"没等关博说完，关妞就高兴得拍起手来，"那太好啦，爸爸当老师肯定很帅！"

"不过……"关博停顿了一下说，"你要和我一起准备讲课用的材料才行。关妞，你还记得上次爸爸带你看过的美国西部牛仔的电影吗？漫天黄沙，边陲小镇，夕阳西下，浪漫的音乐响起，帅气的赏金猎人拿着对逃犯的通缉令一路追杀各路坏蛋……哈哈，那你想当赏金猎人吗？"

[金钥匙 3]

"赏金猎人，太帅了，我想当，我想当！"关妞拍着手，兴奋地说。

"那我们就先来设计一些针对外来入侵异宠的'通缉令'好吗？好让同学们先认识下这些臭名昭著的'通缉犯'。"

"太好了，这样我们就能变成小小赏金猎人，到处去追踪和抓捕这些大坏蛋，好好玩呀！"

"没错，不过这次时间有限，我们先设计一些'通缉令'吧，剩下的交给你以后慢慢补充好不好？"

"爸爸，你不觉得这对一年级的小学生来说太难了点吗？"

"没关系，爸爸会帮你的，再说你也可以跟同学们一起完成啊。"

"好吧……那我们现在就开始做吧。"

1. 鳄雀鳝
Atractosteus spatula

【分类地位】 动物界，脊索动物门，辐鳍鱼纲，雀鳝目，雀鳝科，大雀鳝属

【原 产 地】 北美洲，美国南部的密西西比河下游和墨西哥湾沿岸各州。

【简 介】 鳄雀鳝是北美最大的淡水鱼之一，体长可达 3 米，体重可达 159 千克，通常是棕色或橄榄色，褪色到较浅的灰色或黄色腹侧表面。雌鱼平均每次产卵约 15 万枚，寿命 26～50 年，有记录其寿命最长可达 75 年。鳄雀鳝身体呈鱼雷状，吻部特别长且长着一排尖锐、锋利的牙齿，身上的鱼鳞像是坚固的盔甲，可以很好保护自身免受其他动物的攻击。尾巴顶端长着尾鳍。鳄雀鳝属于鳝鱼类而非鳄鱼，因其身上长有鳞甲，且长相似鳄而得名。

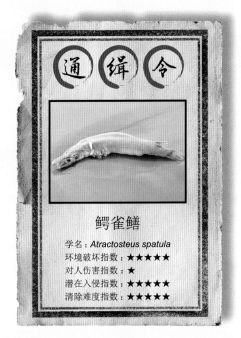

鳄雀鳝
学名：*Atractosteus spatula*
环境破坏指数：★★★★★
对人伤害指数：★
潜在入侵指数：★★★★★
清除难度指数：★★★★★

★拱北海关林伟 供图

【危 害】 在中国属于外来物种，鳄雀鳝体形大、食性广，逃逸到国内天然水域会捕食比它小的鱼类，给我国水体生态系统带来灭顶之灾。此外，由于其牙齿十分锋利，有伤人记录，其内脏和鱼卵对人类有剧毒。我国河南、云南、广东、广西、福建、四川、江苏等多个省份均有鳄雀鳝的野外分布记录。

【扩展阅读】 近半个世纪以来，鳄雀鳝在美国被认为是"杂鱼"或对渔业有害的"有害物种"，并被美国列为需要消灭的目标。20 世纪 80 年代，人们对生态平衡有了更深入的理解并意识到鳄雀鳝是它们所生存的生态系统的重要组成部分。美国一些州和联邦资源机构还对鳄雀鳝进行了保护，2016 年田纳西州和伊利诺伊州之间重新引入鳄雀鳝以控制入侵的亚洲鲤鱼。

【入侵范围】 目前在土库曼斯坦、新加坡、北塞浦路斯等地都发现了鳄雀鳝。

2. 红耳彩龟
Trachemys scripta elegans

【分类地位】动物界，脊索动物门，爬行纲，龟鳖目，泽龟科，彩龟属

【原 产 地】北美洲，美国中南部至墨西哥北部。

【简　　介】红耳彩龟（别名巴西龟、巴西红耳龟）甲壳长度范围通常为 15～20 厘米，个体大的可达 40 厘米以上，雌龟常比雄龟大。寿命 20～30 年，有些个体可活 70 多年。红耳彩龟成体长椭圆形，背甲隆起平缓，具明显脊棱，后缘呈锯齿状。头宽大，吻钝，头、颈侧以及腹面有黄绿相间的条纹，眼后有一个红色长条斑块。

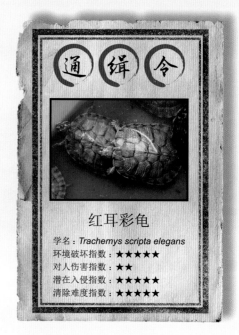

红耳彩龟

学名：*Trachemys scripta elegans*
环境破坏指数：★★★★★
对人伤害指数：★★
潜在入侵指数：★★★★★
清除难度指数：★★★★★

★南京海关禹海鑫　供图

【危　　害】红耳彩龟食性杂，对低温和水污染具有较强抵抗能力，在国内缺乏天敌，加上性成熟早、繁殖力强等特点使其野外种群数量迅速上升，严重威胁着本土的生态安全。除此之外，红耳彩龟还常携带沙门氏菌，沙门氏菌能够通过粪便传播，也能通过土壤影响周围的动物和人类。红耳彩龟在我国造成了生物多样性丧失、物种灭绝、破坏生态平衡等严重后果。

【查获记录】2022 年 10 月，拱北海关所属港珠澳大桥海关在过境小车查获活体红耳彩龟2017 只。

【扩展阅读】红耳彩龟在它们的原产地日子过得很艰难，因为在那里有鹭鸶、浣熊等众多天敌以龟卵、幼龟为食，从而使其种群数量保持稳定。红耳彩龟在国内也叫巴西龟，虽然它们以巴西命名，但却和巴西关系不大，它们并非原产于巴西，而是产于北美洲的密西西比河及格兰德河流域。巴西龟最早指的是产自巴西一带的南美彩龟（*Trachemys dorbigni*），南美彩龟和红耳彩龟很像，不过前者没有眼后的红色长条斑块。由于南美彩龟运输成本很高，所以很快就被抛弃了，之后改从北美洲进口红耳彩龟，但巴西龟知名度较高，所以红耳

彩龟后来就沿用了"巴西龟"的名称。

在我国，红耳彩龟被列入《中国外来入侵物种名单》（第三批）。

【入侵范围】红耳彩龟由于色彩鲜艳、生存能力强、饲养方便、价格低廉等一系列特点被作为观赏动物引进到全球多个国家和地区。目前，红耳彩龟已成功入侵欧洲、非洲、澳大利亚、亚洲和原产地以外的美洲等地，被世界自然保护联盟列为"全球100种最具威胁的外来物种"。

3. 非洲大蜗牛
Achatina fulica

【分类地位】动物界，软体动物门，腹足纲，柄眼目，玛瑙螺科，玛瑙螺属

【原　产　地】非洲东部。

【简　　　介】非洲大蜗牛成体壳长通常为7~8厘米，最大可超过20厘米，螺层为7~9个，壳纺锤形，壳质有光泽，呈长卵形，壳面底色为黄色或深黄色，带有焦褐色雾状花纹，胚壳一般呈玉白色，其余螺层有棕色条纹。夜行性，杂食性，喜在潮湿环境中活动，常在雨后及夜间出没。非洲大蜗牛雌雄同体，异体交配，双方都可产卵，每次产卵30~700枚，生长至5个月

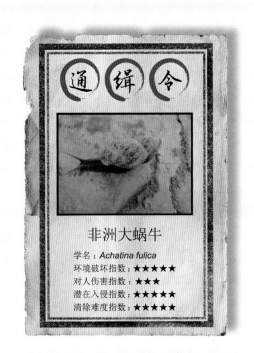

★南京海关禹海鑫　供图

大即可交配产卵，繁殖速度很快。在中国南方，非洲大蜗牛平均寿命为5~6年，一只一生产卵量可达6000余枚。

【危　　　害】非洲大蜗牛已被我国列入《中国外来入侵物种名单》（第一批），同时也是我国进境植物检疫性有害生物。非洲大蜗牛是园艺作物、农作物的重要害虫，对蔬菜等危害极大，引起严重的经济损失。其可吃掉大量本土植物，破坏栖息地生态环境，进而危害本地原生蜗牛，以及本土生态系统。非洲大蜗牛是许多人畜共患寄生虫病的中间宿主，可传播结核病和嗜酸性脑膜炎。

【查获记录】2009年8月，西安咸阳国际机场口岸在自台湾的航班上发现一名旅客携带数只活体非洲大蜗牛。2012年1月，广东东莞口岸对从多哥进境的原木施检时查获非洲大蜗牛。

【扩展阅读】非洲大蜗牛于18世纪初从东非沿热带传播，19世纪中期由英国人引种到印度，随后传至马来群岛。1928年随从斯里兰卡进口的观赏杂色露兜树传入印度洋的岛国——马尔代夫。1932年，日本人将其从新加坡引进中国台湾。1931年，在我国厦门大学校园内发现非洲大蜗牛并记述是由一位华侨从新加坡运回的植物中夹带幼螺和卵繁殖起来的，随后其逐渐在我国南方传播蔓延。

【入侵范围】非洲大蜗牛已入侵日本、越南、老挝、柬埔寨、马来西亚、新加坡、菲律宾、印度尼西亚、印度、斯里兰卡、西班牙、马达加斯加、塞舌尔、毛里求斯、北马里亚纳群岛、加拿大、美国。中国福建、广东、广西、云南、海南、台湾等地也有分布。

4. 森林葱蜗牛
Cepaea nemoralis

【分类地位】动物界，软体动物门，腹足纲，柄眼目，大蜗牛科，葱蜗牛属

【原　产　地】欧洲西部、北部和中部地区。

【简　　介】森林葱蜗牛成体螺壳的宽度为18~25毫米，高度为12~22毫米，外壳颜色多样，有棕色、黄色、红色、粉色、白色等，但大多数有一条或多条深棕色的色带，也有无色带的个体。口唇呈黑褐色或红褐色，细长，外唇向外延伸翻折，内唇贴覆于体螺层上；贝壳在幼螺时期有缝隙状脐孔，随着螺的生长，脐孔逐渐被覆盖，成螺则完全无脐孔。森林葱蜗牛雌雄

通 缉 令

森林葱蜗牛

学名：*Cepaea nemoralis*
环境破坏指数 ★★★★★
对人伤害指数 ★★
潜在入侵指数 ★★★★
清除难度指数 ★★★★★

★南京海关禹海鑫　供图

同体，必须交配才能产下受精卵，交配常集中于晚春和初夏，单体可产卵30～50枚，发育相对缓慢，常需三年左右的时间才能从卵发育至成体，寿命5～8年。

【危　　害】森林葱蜗牛食性杂，直接取食危害各种蔬菜、瓜果、花卉等，严重时可在短期内将寄主植物全部吃光，是农业生产中的重要有害生物，同时也是许多人畜共患寄生虫病的中间宿主，影响人畜健康。

【查获记录】2019年5月，杭州萧山机场海关在杭州空港口岸查获一批活体森林葱蜗牛；2021年5月，上海邮局海关查获154只森林葱蜗牛；2022年10月，上海海关所属邮局海关在进境邮件中查获62只活体森林葱蜗牛。

【扩展阅读】森林葱蜗牛在壳色和条带上具有高度多样性。壳的颜色有棕色、粉红色、黄色，甚至有白色。在稳定的生境中，林地的森林葱蜗牛往往比开阔的生境的颜色更暗，可能是伪装或气候选择的原因。在阳光充足的环境中的森林葱蜗牛的颜色往往更苍白，颜色更反光的个体可以减少水分流失和过热。

【入侵范围】从1857年开始，已经多次入侵北美，现在广泛分布于加拿大和美国东北部以及南部。

5. 非洲牛箱头蛙

Pyxicephalus adspersus

【分类地位】动物界，脊索动物门，两栖纲，无尾目，箱头蛙科，箱头蛙属

【原 产 地】撒哈拉以南的非洲地区，如安哥拉、博茨瓦纳、肯尼亚等地。

【简　　介】非洲牛箱头蛙（别名非洲牛蛙），是世界第二大蛙，仅次于同样生活在非洲的非洲巨蛙（*Conraua goliath*）。成年雄蛙体长14～25厘米，雌蛙体长9～14厘米，背部呈翠绿色、墨绿色、灰白色等，下腹和下巴则为奶白色且散布着灰褐色斑，后掌有蹼，前

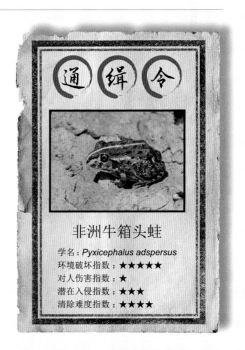

通 缉 令

非洲牛箱头蛙

学名：*Pyxicephalus adspersus*
环境破坏指数：★★★★★
对人伤害指数：★
潜在入侵指数：★★★
清除难度指数：★★★★

★南京海关禹海鑫　供图

掌无蹼，腋下呈深橘色。成年雄蛙体侧会有大范围的黄色斑块，黄色斑块有时也会延续至喉部，在交配季颜色会更加鲜明。成年雌蛙除了腋下，其余部分一般无黄色斑块。雌性一次可产卵 3000～4000 枚，人工饲养寿命可达 15～25 年。

【危　　害】非洲牛箱头蛙是食肉性两栖动物，有齿突状的牙齿，非常贪吃，极具攻击性。取食昆虫、小鸟、小爬行动物、两栖动物、啮齿动物等，甚至会同类相食。成年非洲牛箱头蛙在野外天敌很少，一旦入侵会对生态系统造成严重威胁。

【扩展阅读】大多数蛙类雌性个体略大于雄性，非洲牛箱头蛙则是雄性远大于雌性。雄性拥有强壮的四肢和硕大的头，这是为了能在交配季赢得与同性的竞争。在极端天气里，非洲牛箱头蛙可以夏眠 10 个月，它们会用后脚掌上的特殊角质构造挖掘软土，然后将自己埋在土里只露出鼻孔，皮肤的分泌物会将它们裹成一个坚硬的茧从而使它们进入低代谢和保湿状态，直到雨季的第一场雨渗入地下唤醒它们。

6. 箭毒蛙

Dendrobates spp.

【分类地位】动物界，脊索动物门，两栖纲，无尾目，箭毒蛙科，箭毒蛙属

【原 产 地】南美洲、中美洲。

【简　　介】箭毒蛙属于箭毒蛙科动物，体形非常娇小，体长最长不超过 6 厘米，其中一些种类的蛙仅有 1.5 厘米，目前已发现 170 多种，其中含有剧毒的就有 55 种。箭毒蛙不仅是外表美丽的青蛙，也是身怀剧毒的两栖动物。箭毒蛙生活在美洲的热带雨林中，和其他蛙类不同，箭毒蛙不吃空中飞的飞蛾和水里游的鱼虾，却爱吃地面上的蚂蚁、蟋蟀以及蜘蛛等小型无脊椎动物，这些食物体内含有一种有毒的生物碱，当箭毒蛙吃了这些动物后，有毒的代谢物会通过血液循环、消化系统等渗透到箭毒蛙的皮肤上并从皮肤小孔分泌出浓缩的毒液，从而保护自己不被天敌取食。

【危　　害】箭毒蛙释放出的生物碱毒液，能够破坏其他生物的神经系统，使其无法正常活动，最终因心脏停止跳动而迅速死亡，其 0.2 微克的毒液便可毒死一只老

鼠，0.1毫克的毒液便可以毒死一个人。任何动物只要去吃箭毒蛙，即使舌头沾上一点点毒液，也会在几分钟内中毒毙命。

【查获记录】2015年9月，北京口岸从来自香港的邮包中查获箭毒蛙1只；2016年4月，北京口岸查获了10只箭毒蛙活体，分属三种：钴蓝箭毒蛙、火焰箭毒蛙和黄金箭毒蛙。

【扩展阅读】箭毒蛙具有很强的毒性，但这些毒素并不是与生俱来的，它们身上的致命剧毒全是吃出来的，它们吃得越多毒性越强，某些箭毒蛙甚至还会对有毒

通 缉 令

箭毒蛙

学名：*Dendrobatidae spp.*
环境破坏指数：★
对人伤害指数：★★★★
潜在入侵指数：★
清除难度指数：★★★

★南京海关禹海鑫　供图

化合物进行改良从而使毒性增强几倍。在箭毒蛙家族中，颜色越鲜亮往往越危险，皮肤为金色、绿色、橙色的箭毒蛙的毒性最强。亚马孙雨林的土著居民知道箭毒蛙的毒液威力巨大后便想尽办法收集箭毒蛙的毒素，将毒素涂抹在弓箭的箭头上制成毒箭，用来捕杀鸟类、猴子等其他动物，箭毒蛙的名号也是由此而来。他们通常用火烘烤箭毒蛙或者将其四条腿拴住后用小木棍摩擦刺激其背部，促使箭毒蛙分泌毒液。不过大多数人采集完毒液会将箭毒蛙放走，以便以后还能够继续采集毒液。后来人们发现箭毒蛙经过一段时间人工养殖后，毒性会慢慢消失，甚至可以当宠物饲养，渐渐增大了对箭毒蛙的捕捉量。加上生态破坏、气候变化、栖息地减少等一系列因素，箭毒蛙的数量骤降，2019年已被列入《濒危野生动植物种国际贸易公约》附录Ⅱ。

7. 加拉帕格斯巨人蜈蚣

Scolopendra galapagoensis

【分类地位】动物界，节肢动物门，唇足纲，蜈蚣目，蜈蚣科，蜈蚣属

【原 产 地】加拉帕格斯群岛中的秘鲁南部、库克群岛、圣克鲁斯岛、厄瓜多尔沿海地区。

【简 介】加拉帕格斯巨人蜈蚣是世界上体形最大的蜈蚣之一，普通成年个体长度一般超过 20 厘米，最长可超过 30 厘米。常见的有深绿色、黑色、橙红色 3 种颜色，躯干由许多体节组成，每一体节有 1～2 对步足，下颚含有大量的神经毒素，能够快速让猎物窒息死亡。

通缉令

加拉帕格斯巨人蜈蚣

学名：*Scolopendra galapagoensis*
环境破坏指数：★★★
对人伤害指数：★★★★
潜在入侵指数：★★★
清除难度指数：★★★★

★南京海关禹海鑫 供图

【危 害】加拉帕格斯巨人蜈蚣为食肉性，性情非常凶猛，它们捕猎的食物也非常的广泛，除昆虫外，老鼠、鸟类、青蛙，还有体形小点的蛇，都是它们捕食的对象。作为外来物种扩散至野外可能会对本土的生态系统造成一定的影响，影响严重程度有待评估。对人类而言，它们的毒性也是很可怕的，被咬伤之后会出现头痛、发热、呕吐、昏迷等症状，严重还会导致淋巴管炎和组织坏死，体质不好的人甚至会出现败血症等并发症。

【查获记录】2022 年 11 月，海口海关在入境邮件中查获 5 条 15～20 厘米长的加拉帕格斯巨人蜈蚣。

【扩展阅读】加拉帕格斯巨人蜈蚣捕食猎物时，会先慢慢爬过去，接近猎物后趁猎物不注意用自己的足把猎物抓住，然后扭动身体把猎物死死缠住，接着用它们巨大的下颚咬住猎物，把大量的毒素注入猎物体内，一旦完成毒素的注入，猎物基本就无法逃脱，然后蜈蚣就可以开始享受它的美食，加拉帕格斯巨人蜈蚣食量大、进食速度快，一次可吃下一只老鼠，且只需要 30 分钟。

8. 玉米锦蛇
Pantherophis guttatus

【分类地位】 动物界，脊索动物门，爬行纲，蛇蜥目，游蛇科，豹斑蛇属

【原 产 地】 美国东南部，墨西哥湾沿岸等地。美国、墨西哥、巴哈马、开曼群岛、英属维尔京群岛等地区均有发现。

【简 介】 玉米锦蛇体长 80～120 厘米，最长可达 180 厘米，拥有各种各样的色彩变化，有橙色、灰色、灰褐色、土黄色、紫色等，通常是红色体表伴有橙色的鞍形图案。玉米锦蛇喜欢栖息在干燥林地、沼泽、农田等地。玉米锦蛇无毒，寿命通常为 10～15 年。

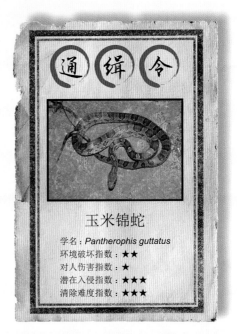

通 缉 令

玉米锦蛇

学名：*Pantherophis guttatus*
环境破坏指数：★★
对人伤害指数：★
潜在入侵指数：★★★
清除难度指数：★★★

★南京海关禹海鑫 供图

【危 害】 玉米锦蛇的食物包括小型啮齿类、蜥蜴类、蛙类、小型鸟类、鱼类，以及鸟蛋，年幼个体则主要以昆虫为食。作为外来物种扩散至野外可能会对本土的生态系统造成一定的影响，影响严重程度有待评估。

【查获记录】 2023 年 6 月，深圳福田口岸在入境渠道查获一名旅客人身藏匿的 5 条活体玉米锦蛇；2019 年 8 月，南京海关所属金陵海关在一可疑邮包内查获 36 条活体玉米锦蛇。

【扩展阅读】 玉米锦蛇是一种色型非常多变的蛇，它们在生长发育过程中比较容易出现花纹变化的情况，有时同一窝蛇卵孵化出来的小蛇花纹也不一样，甚至还有出现一些颜色变异的情况。玉米锦蛇喜独居生活，半树栖性，在黄昏及夜间觅食活动，清晨时分晒太阳以调节体温，每年 11 月至翌年 3 月为冬眠期。

【入侵范围】 巴西。

9. 绿鬣蜥
Iguana iguana

【分类地位】动物界，脊索动物门，爬行纲，有鳞目，美洲鬣蜥科，美洲鬣蜥属

【原 产 地】中美洲的墨西哥至巴拉圭一带、南美洲、加勒比海及美国佛罗里达州等地。

【简　　介】绿鬣蜥是鬣蜥中体形最大的种类，刚孵化的绿鬣蜥的长度就有 17～25 厘米，大多数成年绿鬣蜥体重在 4～6 千克之间，体长可达 2 米左右。绿鬣蜥的颜色会随着年龄的增长而变化，幼年绿鬣蜥的颜色可能会出现斑点或在绿色和棕色之间出现条纹，成年绿鬣蜥的颜色则会更均匀。绿鬣蜥是昼行性爬行动物，喜欢生活在树上，善于攀爬，可以从 15 米高的地方跳下后抓住树叶或树枝而不受伤。绿鬣蜥寿命一般在 10～15 年之间。

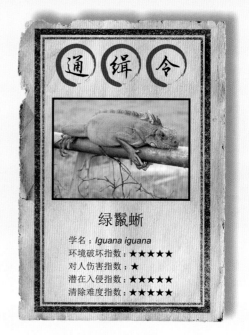

★南京海关禹海鑫　供图

【危　　害】绿鬣蜥属于杂食性动物，幼年期喜欢取食小型昆虫，成年后便以植物为主要食物，草、树叶、花瓣、水果和海藻都是它们喜爱的食物。它们可取食 100 多种植物，但最喜欢的却是植物的嫩芽，通常会大量取食园艺植物叶片，造成经济损失。如果高密度种群聚集在水道或沟渠，会在岸边挖洞产卵或越冬，从而造成引水或排水设施的结构损坏及堤岸侵蚀等，危及人类生命财产安全。此外，绿鬣蜥还是沙门氏菌和肉毒杆菌的中间寄主。

【查获记录】2019 年 1 月，南京海关所属无锡海关缉私分局和无锡市公安局联合查获绿鬣蜥 502 只；2019 年 9 月，厦门海关缉私部门在泉州市晋江安海镇现场查扣绿鬣蜥 10 只；2019 年 12 月，太原海关查获绿鬣蜥、平原巨蜥合计 173 只。

【扩展阅读】在中美洲的尼加拉瓜，绿鬣蜥汤是一道传统美食，尽管绿鬣蜥在这个国家是受保护的物种。每年 1～4 月是绿鬣蜥禁猎期，不过对圈养的食用绿鬣蜥并没有限制。成年绿鬣蜥下巴两侧长着两个大大的肉球，当雄性绿鬣蜥发情的

时候喜欢互相攻击对方的脖子，这两个肉球能起到保护脖子的作用。绿鬣蜥头顶上有一个白色的感觉器官，也叫第三眼或松果眼，第三眼的视网膜和晶状体未发育成熟，不能成像，但却对光的变化很敏感，如果有猎物从上方偷袭，第三眼就能及时察觉危险。绿鬣蜥是《濒危野生动植物种国际贸易公约》附录Ⅱ中的物种之一。

【入侵范围】美国、中国台湾。

10. 睫角守宫
Correlophus ciliatus

【分类地位】动物界，脊索动物门，爬行纲，有鳞目，澳虎科，睫角守宫属

【原 产 地】南太平洋的新喀里多尼亚群岛。

【简 介】睫角守宫体长15～25厘米，体重30～35克，是一种中大型蜥蜴，最显著的特征在眼睛上方有毛发状突起，类似眼睫毛，也因此而得名。虽然睫角守宫有"睫毛"，但没有眼睑，所以它们平时会用自己的长舌头舔眼睛来滋润眼睛和清除杂物。睫角守宫用它们半卷曲的尾巴协助攀爬，遇到危险时尾巴还可以自断以分散捕食者的注意力，但尾巴断了之后就不会再生。睫角守宫是一种树栖蜥蜴，喜欢栖息在雨林的树冠上，白天通常睡在高高的树枝上，一般在夜间活动。

通 缉 令

睫角守宫

学名：*Correlophus ciliatus*
环境破坏指数：★★
对人伤害指数：
潜在入侵指数：★★
清除难度指数：★★★

★南京海关禹海鑫 供图

【危 害】睫角守宫是杂食动物，以水果、花蜜、花粉和各种昆虫为食。作为外来物种扩散至野外可能会对本土的生态系统造成一定的影响，影响严重程度有待评估。

【查获记录】2017年2月，深圳海关所属罗湖海关查获睫角守宫68条；2022年11月，拱北海关查获睫角守宫2条。

【扩展阅读】1866年，法国动物学家首次发现睫角守宫，但在那之后，关于睫角守宫的目

击报告越来越少，人们曾认为该物种已经绝灭。直到1994年，人类又重新发现了它们，它们被列入《世界自然保护联盟濒危物种红色名录》2017年濒危物种红色名录 ver 3.1——易危。在原产地，对睫角守宫野生种群威胁最大的是入侵当地的外来物种——小火蚁（*Wassmania auropunctata*），小火蚁大量蜇伤并捕食睫角守宫，它们还捕食其他节肢动物从而导致睫角守宫的食物减少。睫角守宫嘴巴顶部有两个小钙囊，如果产卵的雌性没有补充足够的钙，它的钙就会耗尽而导致缺钙，缺钙后的雌性会身体虚弱食欲不振，甚至可能死亡。新孵化的睫角守宫一般在第一次脱皮并吃完自己褪的皮后才会吃其他东西，其间靠卵壳的残骸来获取营养。

11. 巨人恐蚁
Dinomyrmex gigas

【分类地位】动物界，节肢动物门，昆虫纲，膜翅目，蚁科，蚁亚科，恐蚁属

【原 产 地】苏门答腊、新加坡、马来西亚、加里曼丹岛到泰国的东南亚雨林地区。

【简　　介】巨人恐蚁是世界上体形最大的蚂蚁，蚁后体长可达3~4厘米，普通工蚁体长2~2.8厘米，头和脚呈黑色，腹部呈红棕色。和普通蚂蚁一样，巨人恐蚁也是杂食性动物，主要取食蜜露、真菌、树叶、小果实、种子，也吃鸟粪和昆虫（如白蚁、蝗虫等）等补充营养，但战斗力比普通蚂蚁强很多。巨人恐蚁采集蜜露主要通过两种方式：一是通过给一些蜡蝉、角蝉或缘蝽提供保护的**共生关系**以获得它们分泌的蜜露；二是直接采集花朵分泌的蜜露。

【危　　害】巨人恐蚁领地意识非常强，而且领地范围很大，一旦发现其他生物的入侵，它们会毫不犹豫地进行战斗，直到赶走入侵者或者战斗到死亡。因此，一旦作为外来物种的巨人恐蚁在我国定殖扩散，可能会对本地的蚂蚁种群以及其他地表活动的动植物产生较大的影响。巨人恐蚁遇到危险会喷出蚁酸液体，这些酸液可对人类伤口处的皮肤造成二次伤害。

巨人恐蚁

学名：*Dinomyrmex gigas*
环境破坏指数：★★★★
对人伤害指数：★★★
潜在入侵指数：★★★★
清除难度指数：★★★★★

★南京海关禹海鑫　供图

【查获记录】2021 年 5 月，广州海关所属广州白云机场海关在进境快件中查获 50 只活体巨人恐蚁。

【扩展阅读】由于巨人恐蚁的觅食范围很大，因此必须经常应对来自种内其他群体或其他种类蚂蚁或昆虫的威胁。在面对其他种类的蚂蚁入侵时，巨人恐蚁会与入侵蚂蚁进行激烈战斗，通过喷洒酸液并使用毒液腺来驱赶，通常会导致双方死亡。在面对其他群的巨人恐蚁时，来自不同群体的巨人恐蚁会进行一对一的仪式性战斗，每对决斗的蚂蚁之间的战斗始终遵循一定的模式，一旦攻击者接触到防御者，战斗就开始了。在战斗过程中，它们的触角和胃部会出现频率高达 3~4 赫兹的强烈振动。两只蚂蚁还会张开下颚、抬起身体相互威胁，然后用前足互相攻击，保持腿部抬起时间更长的蚂蚁成为该回合的赢家，输家立即撤退，有时战斗会进展到下颚抓取阶段，每只蚂蚁都试图抓住并拖动另一只蚂蚁在地面上进行拔河比赛。单次胜利并不能停止战斗，它们会退回到各自的领土并梳理自己的触角和腿部，然后返回现场并继续战斗，并不断更换疲惫的战斗者。战斗可能持续整夜，有些战斗甚至可以持续多达 30 天，不过很少导致任何一方的死亡。

12. 马来西亚雨林蝎
Heterometrus silenus

【分类地位】动物界，节肢动物门，蛛形纲，蝎目，蝎科，异蝎属

【原 产 地】马来西亚、泰国、印度尼西亚、柬埔寨、越南、斯里兰卡、印度等。

【简　　介】马来西亚雨林蝎体形中等偏大，体长12～18厘米，雄性个体稍大，雌性略小，通体黑色，前螯强大且粗壮，爬行状态下尾部高翘，尾巴端部有一粗壮的针钩，看起来十分威武。马来西亚雨林蝎是一种毒性很小的蝎子，它们广泛分布在亚洲的热带雨林地区中，是独居的蝎子。

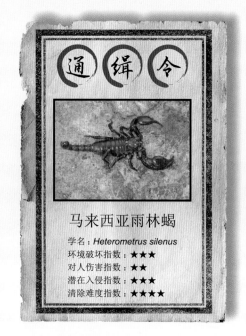

通缉令

马来西亚雨林蝎

学名：*Heterometrus silenus*
环境破坏指数：★★★
对人伤害指数：★★
潜在入侵指数：★★★
清除难度指数：★★★★

★南京海关禹海鑫　供图

【危　　害】马来西亚雨林蝎食量很大，主要取食昆虫等小型节肢动物。作为外来物种扩散至野外可能会对本土的生态系统造成一定的影响，影响严重程度有待评估。

【查获记录】2021年5月，南京海关所属金陵海关查获马来西亚雨林蝎；2022年11月，广州海关查获52只马来西亚雨林蝎。

【扩展阅读】世界上大约有2500种蝎子，绝大多数都带毒。全世界的蝎子每年蜇人超过120万次，平均每年有3250人被毒蝎子蜇死。国外有研究团队从2500种蝎子中挑出36种进行分析，总结出两点经验：一是个头越大的蝎子，毒性越弱；二是蝎钳越强壮的蝎子，毒性越弱。有些蝎子会断尾求生，当鸟类或者老鼠咬住它们时，它们会使劲扭动尾巴，掉落的尾巴在地上继续扭动以分散捕食者的注意力，断尾后的蝎子趁机逃之夭夭。跟壁虎差不多，蝎子能扭断不同长度的尾巴，但是断尾后的蝎子尾巴再也无法长出。舍弃尾巴的蝎子同时也舍弃了毒囊和尾针，生存力会大打折扣。由于肛门也长在尾巴上，断尾的蝎子也就再也拉不出粪便了。蝎子的粪便会留在肚子里，越攒越多，直至被粪便撑死。

13. 红玫瑰蜘蛛

Grammostola porteri

【分类地位】动物界，节肢动物门，蛛形纲，蜘蛛目，捕鸟蛛科，*Grammostola* 属

【原 产 地】智利。

【简　　介】红玫瑰蜘蛛成体头胸部总长 7~8 厘米，全长 10~15 厘米，浑身布满暗红色的绒毛，尤其是头胸部上方，常呈现暗紫红色。红玫瑰蜘蛛在大多情况下非常温顺，毒性较低。雌性红玫瑰蜘蛛的寿命通常为 12 年，而雄性红玫瑰蜘蛛的寿命通常只有 2 年。红玫瑰蜘蛛栖息于荒漠灌木地区，喜欢气候干燥的环境，成长缓慢，是性格温顺但体形粗壮的地栖型蜘蛛，白天爱躲在阴暗的树洞或石块下休息，夜间四处走动觅食。

★南京海关禹海鑫　供图

【危　　害】红玫瑰蜘蛛属于大型捕食性蜘蛛，主要取食昆虫、小蜥蜴类等。它有一定的毒性，属低毒蜘蛛。作为外来物种扩散至野外可能会对本土的生态系统造成一定的影响，影响严重程度有待评估。

【扩展阅读】红玫瑰蜘蛛是雌雄同色，雌性红玫瑰蜘蛛略大于雄性，但也有体形差距较大的品种，要分辨红玫瑰蜘蛛的雌雄，须等到它长到成体或半成体之后才比较容易区分，不过从蜘蛛的褪壳上也可以看出雌雄之分，最准确的判断是在成熟后，雄性毒牙旁的触肢末端有一个精栓，且第一对步足的胫节上会有一根小突起，雌性则无这两个构造。

14. 魔花螳螂

Idolomantis diabolica

【分类地位】动物界，节肢动物门，昆虫纲，螳螂目，锥螳科，魔花螳属

【原 产 地】非洲，包括埃塞俄比亚、肯尼亚、马拉维、索马里、坦桑尼亚、南苏丹和乌干达等地。

【简　　介】魔花螳螂是捕食螳螂中最大的一种，有"螳螂之王"的美誉，雌性身长可达 13 厘米，而雄性一般不超过 11 厘米。魔花螳螂的刚孵化的若虫是闪亮的黑色，可能是通过拟态蚂蚁来防止被捕食。随着龄期的增加，若虫的体色也会逐渐变成米色至浅棕色，颜色暗淡且没有清晰的图案。雌性与雄性成虫颜色完全不同，雌性主要呈米黄色，雄性则色泽艳丽、五彩斑斓，红色、白色、蓝色、紫色、黑色纵横交错，在其捕捉足内侧有鲜红色、白色、蓝色和黑色的斑纹。它休息时看不到这些颜色，但是当它感到有威胁时，会抬起身体并将前足指向上方，露出鲜艳的体色。雌性寿命约为 12 个月，雄性寿

金钥匙 5

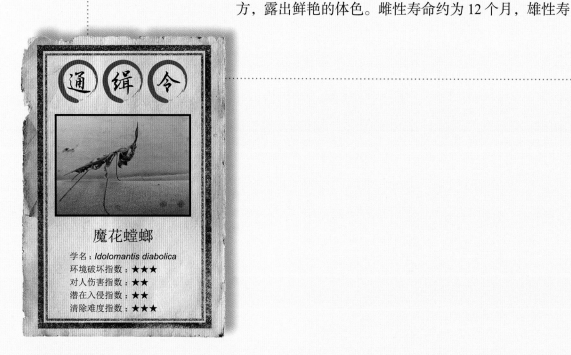

通缉令

魔花螳螂

学名：*Idolomantis diabolica*
环境破坏指数：★★★
对人伤害指数：★★
潜在入侵指数：★★
清除难度指数：★★★

★南京海关禹海鑫　供图

命约为 9 个月。

【危　　害】魔花螳螂主要以苍蝇、飞蛾、蝴蝶和甲虫等各种飞行昆虫为食，由于其体形巨大，作为外来物种扩散至野外可能会对本土的生态系统造成一定的影响，尤其可能会挤占本地螳螂的**生态位**，影响严重程度有待评估。

【查获记录】2020 年 9 月，大连周水子机场海关查获数千只魔花螳螂的幼虫及虫卵；2023 年 5 月，宁波机场海关查获 30 枚魔花螳螂卵鞘。

【扩展阅读】魔花螳螂体形修长，通体为扁平状，前胸可自由转动，身侧长有色泽艳丽的翅膀，平时覆盖在腹部。魔花螳螂在捕食的时候会变成一个"伪装大师"，张开双翼的螳螂像一朵花，其艳丽的颜色会吸引很多甲虫、蝴蝶、苍蝇等猎物靠近，一旦猎物靠近魔花螳螂，它就会展现出杀戮的本性。与其他螳螂类似，雌性魔花螳螂有时会在交配后将它的"丈夫"吃掉，不过这个螳螂界中的普遍现象在魔花螳螂身上发生的比例相对较低，很多雌性在完成交配后并未吃掉自己的"丈夫"，或许是因为食物较为充足，雌性在交配之前吃饱喝足，因此无须靠取食同类来补充营养。

15. 长戟大兜虫

Dynastes hercules

【分类地位】动物界，节肢动物门，昆虫纲，鞘翅目，犀金龟科，长戟大兜属

【原 产 地】拉丁美洲的瓜德罗普，以及多米尼加等地。

【简　　介】长戟大兜虫雄虫体长 50～184 毫米，是大型甲虫之一。前胸背板黑色，鞘翅暗黄色至棕色，有不规则黑色斑点，表面上被有细毛。雄虫具有可以上下对夹的胸角与头角，雌虫则没有。长戟大兜虫属于全变

金钥匙 6

金钥匙 7

态昆虫，平均寿命 2.5 年（其中成虫期约半年），成虫以树汁为食，力量极大，可以举起自身体重 850 倍的物体，长戟大兜虫的种名为"赫拉克勒斯"，是以古希腊神话中的大力士——赫拉克勒斯命名。

通 缉 令

长戟大兜虫

学名：*Dynastes hercules*
环境破坏指数：★★
对人伤害指数：★
潜在入侵指数：★★
清除难度指数：★★★

★ 万晓泳　供图

【危　　害】体形巨大，作为外来物种扩散至野外可能会对本土的生态系统造成一定的影响，尤其可能会挤占本地金龟的生态位，影响严重程度有待评估。

【查获记录】2021 年 4 月，厦门海关所属邮局海关在进境包裹内查获 5 只活体长戟大兜虫；2022 年 6 月，广州邮局海关在进境邮件中查获活体甲虫 3 只长戟大兜虫；2022 年 12 月，广州海关缉私部门对走私"异宠"邮包收件人进行查缉，现场查获长戟大兜虫等各类甲虫 200 余只；2023 年 4 月，深圳海关所属皇岗海关在福田口岸查获一名旅客违规携带长戟大兜虫 13 只。

【扩展阅读】雌性长戟大兜虫经常会有多个追求者，为了能够得到雌虫的欢心，暴躁的雄性追求者之间经常会发生激烈的争斗。争斗的时候雄性会用大长角与"情敌"进行殊死搏斗，它们会抬起头，先向对方展示着自己的大角，然后扭打在一起，更强壮的一方会用自己的角直接将对方从树上打落，或者夹穿对方的身体。失败的追求者要么灰溜溜地走开，要么送命。胜利的追求者会高傲地挥舞着大角，仿佛在向雌性高调地宣布自己赢得了决斗的胜利。雄性长戟大兜虫的领地意识极强，发现其他雄性闯入自己的领地后会抬起头并挥舞着长长的角进行威胁，直到对方离开。

16. 彩虹锹甲

Phalacrognathus muelleri

【分类地位】动物界，节肢动物门，昆虫纲，鞘翅目，锹甲科，彩虹锹属

【原产地】澳大利亚北部、马来群岛东部的新几内亚岛。

【简　　介】彩虹锹甲雄虫体长 36～70 毫米，雌虫体长 26～47 毫米，寿命 1～1.5 年。彩虹锹甲体色多变，除了最常见的红绿色组合，还有特殊体色，例如全绿或全红，以及稀有的紫色、蓝色、黑色等，充满色彩变幻的鞘翅仿佛美丽的彩虹，是世界上美丽的甲虫之一，除鞘翅外，腿部和腹侧也都泛着金属光泽。雄虫大颚黑色，向上弯曲，端部呈分叉状态，头部非常狭小，和大颚基部紧密相连。雄虫按个体大小可分为长齿、中齿和小齿型，小齿型外观类似雌虫，雌虫前胸背板中央有明显的刻点沟纹。

★南京海关禹海鑫　供图

【危　　害】作为外来物种扩散至野外可能会对本土的生态系统造成一定的影响，尤其可能会挤占本地锹甲的生态位，影响严重程度有待评估。

【查获记录】2018 年 3 月，拱北口岸查获带 5 只活体彩虹锹甲；2022 年 1 月，福州海关所属榕城海关查验关员在对进境国际邮件实施查验时查获 10 只彩虹锹甲幼虫。

【扩展阅读】彩虹锹甲有两个亚种，分别是澳大利亚彩虹锹甲和新几内亚彩虹锹甲，但是新几内亚彩虹锹甲已经很多年没有人看见过，据说可能已经灭绝。彩虹锹甲在潮湿的热带地区生活，雌虫一次最多可产下 50 枚卵，孵化前可在卵中看到幼虫。幼虫生活在潮湿和腐烂的木材中，需要长达 3 年的时间才能成熟，大多数锹甲的大颚在羽化时就已经固定了大小，但彩虹锹甲的颚会随着羽化慢慢充血膨胀，整个过程好像是在吹气球。彩虹锹甲的身体如果不小心翻了过来，它们会像乌龟一样被翻身难住，并且很可能会因为一直试图翻过来而耗尽力气直至死亡。

17. 亚特拉斯南洋大兜

Chalcosoma atlas

【分类地位】动物界，节肢动物门，昆虫纲，鞘翅目，犀金龟科，南洋大兜属

【原 产 地】马来西亚、印度尼西亚、菲律宾等。

【简　　介】亚特拉斯南洋大兜以古希腊神话中的擎天巨神——亚特拉斯命名，是亚洲最大的甲虫之一。雄虫体长 50～140 毫米，雌虫体长 40～70 毫米，雄虫拥有一个强壮的头角及一对叉车般的胸角，它们用角来互相争斗以获得和雌性的交配权。亚特拉斯南洋大兜栖息于低海拔的原始雨林，属于夜行性甲虫，具有很强的趋光性，幼虫期 10～16 个月，成虫期 2～4 个月，无论成虫还是幼虫都异常暴躁和凶猛，攻击性强，因此也有着"暴君"的外号。

★南京海关禹海鑫　供图

【危　　害】亚特拉斯南洋大兜体形巨大，作为外来物种扩散至野外可能会对本土的生态系统造成一定的影响，尤其可能会挤占本地金龟的生态位，影响严重程度有待评估。

【查获记录】2019 年 5 月，成都海关所属成都邮局海关查获 7 只活体亚特拉斯南洋大兜。

【扩展阅读】亚特拉斯南洋大兜是一种植食性昆虫，以植物的叶片、果实和花朵为食，大多数成虫的首选食物是水果。亚特拉斯南洋大兜的幼虫主要以腐烂的木材为食，有时也会吃其他昆虫。其幼虫以凶猛的行为和攻击性闻名，被触摸时可能会咬人。据说生活在一起的幼虫如果没有足够的空间或食物会互相打斗直至死亡。它还有一种特殊的寄生蜂天敌——*Megascolia procer*。这种寄生蜂会捕猎亚特拉斯南洋大兜幼虫，给它们注射毒液，使它们麻痹后将卵产在它们身上，当寄生蜂的卵孵化后便从内部吃掉它们，直至寄生蜂幼虫长成成虫。

18. 西班牙黄带鼠妇
Porcellio haasi

【分类地位】动物界，节肢动物门，软甲纲，等足目，鼠妇科，鼠妇属

【原 产 地】西班牙。

【简 介】西班牙黄带鼠妇体长 15～28 毫米，身体通常呈现长椭圆形，背部为硬质甲壳，身体呈褐色，有些个体会有较大的颜色变化，全身排列着的荧光黄斑点以及黑色的底色加上蓝白色的边缘使它显得格外艳丽。与其他鼠妇相似，西班牙黄带鼠妇喜欢栖息于带有湿度的落叶堆与岩壁的交界处，它们的食物包括苔藓、地衣，以及植物腐败产生的有机物等。

【危 害】作为外来物种扩散至野外可能会对本土的生态系统造成一定的影响，影响严重程度有待评估。

【查获记录】2021 年 5 月，大连邮局海关在来自日本的进境邮件中查获 100 余只活体西班牙黄带鼠妇。

【扩展阅读】鼠妇喜欢阴暗潮湿的环境，而且它们有负趋光性，白天它们通常会躲在没有光线的地方，比如石块下、腐烂的木头下，以及一些杂物下等。绝大多数的鼠妇对人类无害，不过在鼠妇家族中有一个比较有名的坏家伙——卷球鼠妇（*Armadillidium vulgare*）。卷球鼠妇会啃食瓜类，以及十字花科、豆科等植物的嫩芽、幼苗、叶片、果实甚至根部，从而造成作物减产。

金钥匙 7

通 缉 令

西班牙黄带鼠妇

学名：*Porcellio haasi*
环境破坏指数：★★
对人伤害指数：
潜在入侵指数：★★
清除难度指数：★★★★

★拱北海关林伟　供图

19. 西伯利斯陆寄居蟹
Coenobita clypeatus

【分类地位】动物界，节肢动物门，软甲纲，十足目，陆寄居蟹科，陆寄居蟹属

【原 产 地】墨西哥湾、加勒比海百慕大群岛、美国佛罗里达州南部、委内瑞拉等地。

【简 介】前甲长可达23毫米，体色主要为红色和橙红色等，有些个体全身红色，有些是浅红色而步足带紫色或橙色。眼柄呈圆形，底部较粗。左螯脚比右螯脚大，左螯脚呈淡淡的紫色，长大后红色会逐渐明显，螯脚及各步足有黑斑点，左右螯脚内侧皆有刚毛。栖息于内陆地区（可远离海岸达15千米），主要以淡水作为水源，喜欢躲在树根和洞穴内，喜干燥环境。与其他陆寄居蟹一样，它们用鳃来呼吸空气，外壳有助于保持呼吸所需的湿度，寿命可长达12年。

通 缉 令

西伯利斯陆寄居蟹

学名：*Coenobita clypeatus*
环境破坏指数：★★
对人伤害指数：
潜在入侵指数：★★
清除难度指数：★★★

★南京海关禹海鑫　供图

【危 害】西伯利斯陆寄居蟹是植食性动物，也是食腐生物。在野外通常以动植物遗骸、过熟的水果和其他动物的粪便为食。作为外来物种扩散至野外可能会对本土的生态系统造成一定的影响，影响严重程度有待评估。

【查获记录】2021年9月，广州海关所属广州邮局海关在来自日本的邮件中查获西伯利斯陆寄居蟹16只。

【扩展阅读】寄居蟹有近千种，绝大部分生活在海边或海水里，但陆寄居蟹生活在海岸附近的陆地上。对陆寄居蟹来说，寄居的"房子"（螺壳）非常重要，可以保护自己的柔软腹部免受天敌攻击，也可以防止身体过热、过冷或者脱水，防脱水尤其重要，没有壳的话它们可能在24小时内干燥而死。"房子"的尺寸也很重要，太小会妨碍生长，太大又会堵不住螺口。为了找到合适的"房子"，寄居蟹会常常跑去海边翻找，在看上同类的好壳时，会想办法抢夺，比如敲对方的壳或是把对方硬扯出来，有时还会趁着对方爬出来交配时把壳夺走。

20. 火蝾螈

Salamandra salamandra

【分类地位】动物界，脊索动物门，两栖纲，有尾目，蝾螈科，真螈属

【原 产 地】欧洲中部和南部。

【简　　介】火蝾螈体长达20厘米，身体以黑色底色加黄色斑点为常见配色，也有全黑或红斑的。雄性和雌性形态非常相似，大多数火蝾螈是卵胎生的，当受精卵孵化时，雌性火蝾螈会将幼螈排到水中，但是有些幼体会在母体里继续生长，直到完全成形后才出生。它们的寿命非常长，可达50岁。喜欢生活在落叶林中，大部分时间都会躲藏在石头、木头或其他物体之下。一般在晚上活动，但在雨季的白天也很活跃。

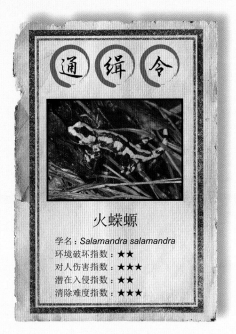

★南京海关禹海鑫　供图

【危　　害】火蝾螈以昆虫、蜘蛛、蚯蚓及蛞蝓为食，有时也会吃小型的青蛙或其他小型的脊椎动物。当火蝾螈被掠食者抓住时，它们的皮肤也会分泌高毒性的毒素，例如神经毒素蝾螈碱。这种生物碱会造成严重的肌肉痉挛、高血压，以及换气过度综合征等症状。作为外来物种扩散至野外可能会对本土的生态系统造成一定的影响，影响严重程度有待评估。

【查获记录】2021年4月和2022年6月，北京海关分别查获19只和10只活体火蝾螈。

【扩展阅读】火蝾螈平时喜欢躲在一些枯木中，以前当人们用这些枯木来烧火时，它们就会被火烤得受不了然后跑出来，当时人们误认为它们是"从火中诞生"的，于是称之为火蝾螈。以前欧洲流传很多火蝾螈可以防火甚至是可以灭火的传说，当时的博物学家甚至根据传言认为火蝾螈的表皮是由石棉一样的材料形成的。现在大家都已经知道，其实作为两栖类的一员，火蝾螈也喜欢生活在湿润潮湿的环境，并不具备耐火的能力。

21. 食人鲳

Pygocentrus nattereri

【分类地位】 动物界，脊索动物门，辐鳍鱼纲，脂鲤目，脂鲤科，臀点脂鲤属

【原 产 地】 南美洲。

【简 介】 食人鲳即纳氏锯脂鲤，又称红腹水虎鱼、红腹食人鱼等。成年个体体色深灰色，有银色斑点，鳃后有时具黑点，臀鳍黑色，腹鳍及胸鳍红色或橙色，雌鱼的下腹侧为较暗的红色，幼鱼体色则为带黑点的银白色。体长一般不超过 35 厘米，最长可达 50 厘米，体重可达到近 4 千克。第一年即可达到性成熟，繁殖季一般发生在雨季，可持续约两个月，雌鱼一次可在水中的植物组织上产下 5000 枚有黏性的卵，然后雄鱼会对这些卵进行授精。卵在 2~3 天后孵化，刚出生的个体会躲在附近的植物之中直到长大成有自卫能力的体形才离开。

通 缉 令

食人鲳

学名：*Pygocentrus nattereri*
环境破坏指数：★★★★
对人伤害指数：★★★
潜在入侵指数：★★★★
清除难度指数：★★★★★

★南京海关禹海鑫 供图

【危 害】 食人鲳食性广，捕食行为凶猛，在我国野外流域缺乏天敌，一旦流入我国自然水域繁殖生长，可能会攻击当地的人畜，并威胁土著鱼类的生存，从而打破现有的生物链，破坏当地的生态平衡。

【查获记录】 2003 年 2 月 19 日，深圳口岸查获 3 尾食人鲳。

【扩展阅读】 食人鲳为杂食性鱼类，一般以鱼类、昆虫、植物等为食。有时会形成上百只个体的鱼群，能够攻击大型猎物比如白鹭、水豚等。虽然被大众认为是十分危险的食肉性鱼类，但其实它们是比较偏向食腐性与植食性的，在雨季食物丰富时多半以植物和昆虫为食，大型猎物则多半以受伤、濒死及已死亡的野生动物个体为主。食人鲳集结成群是为了防范其他大型掠食者而不是为了群体狩猎。食人鲳个体之间会用声音进行沟通交流。

金钥匙 1

如何进行科学放生?

放生前先看好物种,了解放生对象的物种特性、生活习性、食物来源和生存环境,懂得什么物种可以放生,什么物种不宜放生。要选择"土著"品种放生。农业农村部《水生生物增殖放流管理规定》要求,要科学放生,要选择适合的时间和地点放生本地品种,就是要选择本地原有的品种放生,对外地来的物种要谨慎选择,对国外引进或入侵的外来物种坚决不能放生。

金钥匙 2

什么是沙门氏菌?

沙门氏菌是一种常见的食源性致病菌。沙门氏菌病是指由各种类型沙门氏菌所引起的对人类、家畜以及野生禽兽不同形式疾病的总称[1]。感染沙门氏菌的人或带菌者的粪便污染食品,可使人发生食物中毒。据统计,在世界各国(地区)的各种类细菌性食物中毒中,沙门氏菌引起的食物中毒常列榜首。

金钥匙 3

什么是赏金猎人?

赏金猎人是一项富有传奇色彩的危险职业。他们的工作重点是追捕逃犯,经验丰富的赏金猎人接受高风险的任务,可拿到高额薪酬。"赏金猎人"一词在动漫、小说、游戏中多有出现。

什么是共生？

共生的传统定义是两种密切接触的不同生物之间形成的互利关系。大多数生物学家仍然认同这一定义。然而，有些生物学家认为凡是发生频繁密切接触的不同物种间的关系都属于共生关系，不管其中哪方受益，其中包括偏利共生和寄生。偏利共生指一方获益而另一方不受影响的共生关系，寄生指一方获益而另一方受到损害的共生关系。[2] 例如，本书中提到的巨人恐蚁和蜡蝉、角蝉或缘蝽的共生。自然界中类似共生关系还有小丑鱼和海葵、鰕虎鱼与枪虾、白蚁与多鞭毛虫、蚂蚁与蚜虫等。

什么是拟态？

拟态指昆虫在外形、姿态、颜色、斑纹或行为等方面模仿其他种类生物或者非生命物体，以躲避天敌的现象。[3](P170) 从理论上讲，拟态可分为贝氏拟态、穆氏拟态和进攻性拟态等。贝氏拟态是防御性拟态，一般不会攻击，只会防御捕食者，典型的有本书中提到的魔花螳螂幼虫拟态成蚂蚁、竹节虫拟态成竹子枝条等。穆氏拟态是指一物种以鲜艳的体色或和有毒生物相似的外形等手段警告捕猎者其毒性或不可食用。典型的有红斑蝶拟态成具有毒性的草斑蝶，螳蛉拟态成霸气外露的黄蜂。进攻性拟态是指生物拟态成无害的物种以吸引猎物。典型的有猪笼草伪装成花朵吸引昆虫前往采蜜以诱捕猎物获取养分，兰花螳螂伪装成兰花借以靠近猎物等。

什么是生态位？

生态位指昆虫在生态系统或群落中的功能、地位，特别是与其他生物间的营养关系。[3](P508) 一个物种的生态位表明其在生物环境中的地位及其与食物、天敌的关系，并经常与种间竞争概念相互联系。本书中提到的作为异宠的魔花螳螂一旦逃逸扩散至野外环境，就可能会挤占本地螳螂的生态位，也将对本土的生态系统造成一定程度的影响。

金钥匙 7

什么是变态、全变态？

变态是昆虫在个体发育过程中，特别是胚后发育阶段不仅其体积不断生长增大，因而发生着量的变化，而且在外部形态和内部组织器官等方面，也发生着周期性的质的改变，昆虫的这种在一生发育过程中伴随着一系列形态变化的现象称为变态。[3](P116, P119)

全变态是昆虫纲中进化程度最高的变态类型，其特点是一生经过卵、幼虫、蛹和成虫四个不同虫态，其幼虫与成虫间不仅在外部形态和内部构造上不同，而且在食性、栖境和生活习性等方面也存在很大差异。

金钥匙 8

什么是负趋光性？

趋光性是指昆虫对光的刺激所产生的趋向或者背向的活动。其中趋向光源的反应称为正趋光性，背向光源的反应称为负趋光性。[3](P142) 自然界中，大部分昆虫具有正趋光性，比如夜出活动的夜蛾、螟蛾等，小部分昆虫有负趋光性，比如蟑螂、臭虫等。此外，本书中提到的鼠妇也具有负趋光性。

金问号 1

你们知道"红耳彩龟"作为"全球100种最具威胁的外来物种"之一，都有哪些危害吗？

金问号 2

你能参考本书的"21个通缉令"，动手设计一些炫酷的异宠西部牛仔通缉令吗？

金问号 3

你知道随意放生都有哪些危害吗？

参考文献

［1］付晓静，范田丽.两种方法在沙门氏菌能力验证中的比较［J］.现代食品，2020，（04）：206-208.

［2］金美爱.动物的共生［M］.上海：复旦大学出版社，2015.

［3］雷朝亮.普通昆虫学［M］.中国农业出版社，2003：170，508，116，119，142.

第六章
"我"来讲异宠

1 赛前 准备

[金钥匙 1]

"叮咚叮咚……"门铃响了，妈妈打开门，关妞一看是爸爸，急忙兴高采烈地跑过去，她好想快点告诉爸爸，今天老师当着全班同学的面夸奖爸爸昨天在课堂上做的国门生物安全知识宣讲非常精彩，放学后同学们纷纷化身"赏金猎人"，到处搜寻外来入侵有害生物的踪迹，并向周围的人积极宣讲生物安全方面的知识。还没等关妞开口，关博就一把抱起关妞，高兴地说："告诉你一个好消息，爸爸入围全关科普讲解比赛决赛啦！只有六位选手进入了决赛呢。""太好了，爸爸！我和妈妈又可以当啦啦队啦！""不过，这次你和妈妈不仅仅是观众哦！"海美丽一脸疑惑地问："难道要给我和姐姐安排什么特殊任务

吗?"关博神秘一笑,说:"咱们边吃饭边聊吧!"关博带着关妞去洗手,然后帮着端菜、准备碗筷,很快丰盛又美味的一道道菜肴上桌了。"哇,今天有这么多好吃的!爸爸妈妈快来一起吃吧!""来喽!"关博和海美丽一起坐下,关妞一双大眼睛忽闪忽闪的,等着关博揭秘特殊任务。海美丽催着关博:"你快点说吧!要不然关妞又要闹着不吃饭了。"关博微笑着,望着母女俩急切的眼神,缓缓地揭开了谜底,"这次科普讲解大赛与以往不同,需要家属的协助才能获得加分。你们也要准备好,做一回科普宣讲者呢!回头我给你们俩普及一下这次大赛的主题。这次科普讲解形式也是很接地气的,安排在人流量最大的广场,目的是希望更多市民朋友能够参与进来,共同保护咱们国家的生物安全。"海美丽笑着说:"科普都从身边人抓起了。工作再辛苦也要全力支持你们的工作啊!"关妞高兴得拍起手来:"好棒啊!我也能当一回小讲解员啦!"关博摸摸关妞的头,"所以我们这叫'科普一家人'啊!你们真得认真准备下,争取赢得大赛头筹!"关博举起杯子,"预祝咱家决赛夺冠!

吃完晚饭,关博一头扎进书房,准备自己的演讲材料。关妞和海美丽也准备起来,她们俩在客厅里研究着上次制作好的"异宠通缉令"。"妈妈,你猜这是什么?"关妞指着一张"通缉令"问海美丽。"看上去像青蛙。""妈妈,这可不是普通的青蛙,这是箭毒蛙,分布于中南美洲,它不仅仅是美丽的青蛙,也是毒性很大的两栖动物呢。"海美丽开心地笑了笑,"咱们家的小讲解员这么快就进入状态了!"关妞倍受鼓舞,又随手翻开一张通缉令,"这又是什么呢?妈妈,这次你可不能再答错了。""呃……这是……"海美丽有点儿不好意思,尴尬地笑了,"这是蜗牛吧!"关妞开心地说:"算你答对了一半,这是非洲大蜗牛,妈妈你要加油啦!要不然怎么给爸爸加分呀,爸爸说还有家庭成员互动环节呢!"就这样,母女俩一张张地翻看着"异宠通缉令",沉浸在紧张而又愉快的科普氛围中。

时间过得真快！转眼就到了科普决赛的日子。这天刚好是周六，蓝蓝的天空中飘浮着几朵白云，初夏的阳光显得格外耀眼。关博一家早早来到人民广场做好赛前的各项准备工作。关博今天依旧穿着白色短袖制服，神采奕奕。海美丽化了淡妆，与关妞一起穿上亲子装，在演讲台下为关博加油。大屏幕上的"科学合法饲养异宠 防范外来物种入侵"的主题词赫然醒目，这就是今年的科普演讲主题。

科学合法饲养异宠
防范外来物种入侵

[金钥匙 2]

[金钥匙 3]

很快比赛就要正式开始了。随着悠扬的音乐声响起，主持人登上舞台。"各位选手，一年一度的海关科普演讲大赛马上就要开始了，请大家落座。为贯彻**总体国家安全观**，聚焦海关**"12个必"**重点工作，严把国门生物安全关，我们在这里举办海关科普讲解大赛活动。我们这次科普演讲大赛的形式与以往不同，分为选手讲解环节与家庭成员互动环节，选手讲解环节就是请各位选手依次上台结合大屏幕 PPT 演示进行讲解。互动环节则请各位选手的家人来完成，要在众多异宠照片里面随机抽取一张，登台进行介绍，然后还要给路人发放宣传册，哪一组在规定的时间内发放的数量多就代表在本次大赛中科普贡献值多。"紧接着主持人介绍了 6 组选手的情况——他们既有从事一线旅邮检工作的关员，也有从事实验室鉴定工作的关员，既有刚参加工作的新人，又有在工作岗位奋斗几十年的老同志，虽然岗位不同，年龄不同，但选手们都对科普工作充满了热爱。关博抽到的顺序号是 2 号，此刻他在座位上心里默念着演讲稿，略显紧张。海美丽和关妞戴着蓝色遮阳帽静静地等待关博的精彩表现。一切都在紧张有序地进行中。

◀ 图 6-1　眼镜王蛇

（南京海关陈曌坤　供图）

"快看！爸爸上场了！"关妞轻轻推了推妈妈。"我来拍照！"海美丽说着拿出了相机，咔嚓咔嚓地拍着照片。只见关博自信地登上了演讲台，大屏幕上立马出现了一只外形奇特的家伙，台下顿时一片惊呼声，关博大声地说："有这么一位'网红'，受到中央电视台、新华社，以及多家媒体报道，还一度霸占了热搜的榜首，一时间被 2.3 亿人关注。它是谁呢？它就是我们 S 海关截获的一位非洲偷渡客——蛇之王者——**眼镜王蛇**（如图 6-1 所示）！"

关妞小声说："哦，爸爸以前跟我说的眼镜王蛇，原来长这样啊！"海美丽身上起了一层鸡皮疙瘩，心想着晚上可不要做噩梦。关博指着大屏幕说："它是世界上体形最大的毒蛇，重量可达三四十斤，照片中截获的这条眼镜王蛇长度超过了 4 米，轻松打破了 3.8 米的国内纪录。它还是世界上毒液量最多的毒蛇，一次攻击可排出 200 ~ 500 毫克毒液，射毒量是我国'毒王'——银环蛇的 20 多倍。而且它的毒液成分十分复杂，含有神经毒素和血循环毒素，能在 3 小时内使一头成年大象致死。眼镜王蛇生性凶猛、反应敏捷、食谱广泛，而且最喜欢取食同类，所到之处，其他蛇类几乎绝迹。作为蛇之王者，它不像其他蛇那般隐秘行动，而是发出雷霆般的呼吸声傲视群雄。它已经被列入《濒危野生动植物种国际贸易公约》附录Ⅱ，眼镜王蛇的皮、肉、血、胆、毒都具有极高的药

金钥匙 4

用价值，尤其蛇毒是国际市场上极为稀缺的动物性药材，被誉为'液体黄金'。如此高的经济价值引来了大规模的捕杀，加之它们赖以生存的栖息地遭到不断破坏，现存数量急剧下降，如果不进行贸易管制，它们将面临灭绝的风险。"台下的掌声此起彼伏，精彩的讲解与生动的图片吸引了越来越多的路人围观。看见现场人气越来越旺，关博的讲解也渐入高潮，"据统计，中国海关 2022 年累计检出有害生物 58 万种次。未经检疫的'异宠'被伪装后通过跨境电商、邮件、快件等渠道寄递入境，它们的攻击性、毒性尚未可知，但很多种类都携带有多种病原微生物，很可能给人类健康造成危害。它们中的绝大多数都属于外来入侵物种，可能危及本土生态平衡，给国门生物安全造成不可估量的后果。如果市民们购买了濒危野生动物，即便是作为宠物饲养，也涉嫌构成危害珍贵、濒危野生动物罪！"听到这里，海美丽心想，"真没想到那么多外形奇特的异宠，危害不小啊！我上次差点就网购了龟甲牡丹，幸亏关博及时发现，要不然后果不堪设想呢！"关妞也为爸爸的精彩讲解默默竖起了大拇指，心里感到无比自豪。她望着大屏幕上熠熠生辉的海关标志，不禁想，等我长大了，也要穿上这帅气的制服，成为光荣的海关关员，将守卫国门的光荣使命永远传承下去。此时，关博洪亮的声音越发激昂，他把冷门的知识也解说得通俗易懂，"某些'异宠'携带的寄生虫、细菌和病毒，可能会给饲养者带来健康风险。据统计，世界上已证实的人畜共患病大约有 200 种，其中至少有 70 种与异宠有关，例如沙门氏菌、鹦鹉热等。饲养异宠不仅关乎个人喜好，更关乎生态安全。根据生态环境部发布的《2019 中国生态环境状况公报》，我国已发现 660 多种外来入侵物种，这些物种对我国的农业生产安全、粮食安全、生物安全和生态环境安全造成了严重威胁。这些新奇'异宠'由于没有天敌的制约，一旦逃逸或被遗弃极有可能破坏当地的生态系统……"经过选手们第一轮的精彩讲解，现场观众对异宠和国门生物安全都有了具体的形象感知与理解。

金钥匙 5

接下来，进入家庭成员互动环节，终于到了海美丽和关姐大显身手的时刻。只见关姐和海美丽手拉手走上了舞台，略显紧张。"竟然是抽签讲解，这不和家里玩的游戏一模一样吗？简直太棒了！"关姐暗自窃喜，大大方方地抽出了一张照片，翻开一看原来是鳄雀鳝，这个可难不倒妈妈。海美丽看了看图片，底气十足地开始讲解，"鳄雀鳝可不是我们常见的美味鱼类！它是北美最大的淡水鱼之一，有鱼雷形状的身体，鼻子短而宽，上颚有双排牙齿，牙齿大而锋利，身体通常是棕色、橄榄色的，体长可达 3 米，体重可达 159 千克，雌鱼平均每次产卵约 15 万枚，寿命 26～50 年，最高纪录是 75 年。放到天然水域会捕食几乎所有比它小的鱼类，给水体生态系统带来灭顶之灾。这种怪鱼的攻击性很强。据报道，在江苏泰州，一名男孩在小区景观池内玩耍时，不小心被一条'怪鱼'也就是鳄雀鳝咬伤了 3 根手指，男孩家长表示，伤口被咬处出了血，上面还有六七道伤痕，大约都有 1 厘米长。所以大家千万不能随便饲养异宠，更不能随意丢弃异宠。"平时不和异宠打交道的海美丽在关博的熏陶下也能如此流利地介绍异宠，科普之家当之无愧！讲解结束后，关博和关姐对海美丽这段时间的认真准备也给予了充分肯定，海美丽说："那是啊，怎么说也不能给咱家丢脸啊！"

科普讲解比赛颁奖仪式

第二轮讲解结束后，一家三口开始向市民朋友发放异宠宣传册，并耐心回答市民朋友的各种问题。关妞还向一位同龄的小朋友讲述了普通乌龟和巴西龟的区别，虽然汗水浸湿了她的碎花裙，但是她觉得自己正在做一件非常有意义的事情！海美丽也结合自己的经历向路人反复说明网购异宠的危害，忙得不亦乐乎。活动结束后，关博一家总共向100位群众讲解并发放了宣传册，最终获得了"科普之星"的称号。随着颁奖的音乐声响起，一家人怀着无比自豪的心情上台领奖。

最后环节，主持人总结道："我们要推动绿色发展，促进人与自然和谐共生，要提升生态系统多样性、稳定性、持续性，加强生物安全管理，防止外来物种侵害。正是有了海关'国门卫士'的专业与果敢，才有了国际贸易链的安全与顺畅。守卫国门，不让疫病灾害'重启'，避免病虫草害入侵，需要我们在场每一位市民的共同努力，牢记不擅自邮寄、携带国外动植物及其产品入境！不随意丢弃或放生外来物种，共同构筑起防范外来有害生物入侵的'隐形长城'，让我们每个人都成为国门生物安全的守卫者、绿水青山的保卫者！感谢各位市民朋友的参与，感谢各位参赛选手的精彩讲解。本次大赛圆满结束，谢谢大家！"随着雷鸣般的掌声响起，本次海关科普讲解大赛决赛正式闭幕了。

知识归纳

金钥匙 **1**

海关科普讲解比赛简介

海关总署自 2019 年以来每年举办全国海关科普讲解比赛，参赛选手来自全国海关各个岗位工作人员，以海关科技工作者、科普爱好者为主，讲解内容包括守卫国门安全和产品安全等海关职责相关的知识，以及展示海关科技成果，着力营造讲科学、爱科学、学科学、用科学的氛围。

金钥匙 **2**

什么是"总体国家安全观"？

总体国家安全观涵盖政治安全、国土安全、军事安全、经济安全、文化安全、社会安全、科技安全、网络安全、生态安全、资源安全、核安全、海外利益安全、生物安全、太空安全、极地安全和深海安全领域。[1]

总体国家安全观是习近平新时代中国特色社会主义思想的重要组成部分。2014 年 4 月 15 日，习近平总书记在主持召开中央国家安全委员会第一次会议时首次提出。后来在实践中不断加以完善，有力维护和塑造了新时代国家安全。

金钥匙 **3**

什么是海关"12 个必"？

海关总署党委书记、署长俞建华 2022 年 10 月 24 日在全国海关学习宣传贯彻党的二十大精神视频会议上提出"12 个必"：

一、口岸疫情防控海关必坚守。

二、建设贸易强国海关必要强。

三、促进高水平开放海关必作为。

四、共建"一带一路"海关必贡献。

五、海南自由贸易港建设海关必担当。

六、确保粮食、能源资源、重要产业链供应链安全海关必尽责。

七、防范化解重大风险海关必上心。

八、国门生物安全关口海关必把牢。

九、多双边合作海关必促进。

十、建设堪当民族复兴重任的高素质干部队伍海关必力推。

十一、青年工作海关必远谋。

十二、正风肃纪反腐败斗争攻坚战持久战海关必打赢。

金钥匙 4

眼镜王蛇档案

【中 文 名】眼镜王蛇

【学　　名】*Ophiophagus hannah*

【分类地位】动物界，脊索动物门，爬行纲，有鳞目，眼镜蛇科，眼镜王蛇属

【分　　布】分布在东南亚、印度，以及中国的浙江、福建、广东、海南、广西、四川、贵州、云南和西藏等地。

【形态特征】成年蛇体长 3～4 米，体重一般可达 9 千克，为世界上毒蛇中最大的一种，体色呈乌黑色或黑褐色，头背部除具典型的 9 枚大鳞，顶鳞后有一对大的枕鳞，背鳞边缘黑色。颈部膨扁时有白色倒"V"形斑纹，体背具窄白色带斑 40～54 条。腹面灰褐色。

【生物习性】喜独居，白天活动，夜间藏匿岩缝或树洞中休息，性情凶猛，行动敏捷，头部可以灵活转动，靠扑咬猎物获得食物，会主动攻击人畜。卵生，产卵于枯叶筑成的蛇窝内，一次可产卵 20～40 枚，其寿命可达 25 年。

【危　　害】是危险的蛇类之一，具有强烈的毒性及较强的攻击性，被咬者通常会出现伤口肿胀、反胃、腹痛、呼吸麻痹、语言障碍、昏迷、晕厥等症状，对人畜的危害极大。

【**截获记录**】2016 年 3 月，温州海关在进境邮件中截获。

【**扩展阅读**】该物种已被世界自然保护联盟列入《世界自然保护联盟濒危物种红色名录》，
且濒危等级为"易危"。

金钥匙 **5**

什么是鹦鹉热？有什么症状？

　　鹦鹉热又称鸟疫，是一种由鹦鹉热衣原体感染引起的人畜共患病。该病主要发生在鹦
鹉、海鸥、鸭、火鸡等鸟类或禽类中，多表现为腹泻或没有症状等隐匿性感染。人类多通
过吸入含有病原体多的气体、粉尘或密切接触患病的动物而感染。患者常有寒战、发热、
咳嗽、胸痛等呼吸道感染等相关症状，少数有呼吸困难、缺氧等重症肺炎症状。[2]

金问号 1

你知道造成物种濒危的原因有哪些吗？

金问号 2

思考一下，如果举办"科学合法饲养异宠　防范外来物种入侵"主题的科普讲解大赛，你会准备哪些内容参赛呢？

金问号 3

看完这本书，你对异宠了解多少呢？说一说读完这本书的收获吧。尝试去做一名科普讲解员，用行动向爸爸妈妈、老师同学们宣传规范饲养宠物行为，不要随意网购或遗弃来源不明、危害大的异宠，号召大家一起手牵手共同防范伪装成异宠的外来物种的入侵，共同守护我们美丽的家园。

参考文献

［1］习近平.开创新时代国家安全治理新局面［J］.中国信息安全，2018,（04）：28.

［2］健康时报网.青岛首次报告鹦鹉热病例，建议加强鸟类交易市场监测［EB/OL］.
http://www.jksb.com.cn/index. php?m=content&c=index&a=show&catid=788&
id=205600,2023-07-16.